教育部　财政部职业院校教师素质提高计划职教师资培养资源开发项目

《电子信息工程》专业职教师资培养资源开发（VTNE021）

电子系统设计与实践

教育部　财政部　组编

党宏社　主编

电子工业出版社

Publishing House of Electronics Industry

北京·BEIJING

内 容 简 介

本书以培养学生综合利用所学知识，提高分析和解决问题的能力为目标，在广泛调研和分析的基础上，从了解设计方法、学会工具使用、解决具体问题三个层次组织内容；按照理论讲授内容少而精，以问题导向、项目实施的方式，由浅入深、由小到大，逐次展开介绍内容；项目实施按照理论分析、资料检索、方案论证、设计与制作、调试总结、设计拓展等环节进行，符合系统设计的一般规律。在培养学生分析和解决问题能力的同时，还注意通过设计总结和设计拓展等，着力培养学生的创新能力；设计内容涉及模拟电子系统、数字电子系统和微控制器（单片机）系统，覆盖电子系统设计的全部专业范围，以便满足不同读者的需要。

本书是教育部职教师资本科研究项目的成果之一，既可作为职教师资本科电子信息工程等专业、应用型大学电类各专业电子系统设计、课程设计等课程的教材，也可供有关技术人员参考。

图书在版编目（CIP）数据

电子系统设计与实践 / 党宏社主编. —北京：电子工业出版社，2016.10

ISBN 978-7-121-29735-9

Ⅰ. ①电…　Ⅱ. ①党…　Ⅲ. ①电子系统－系统设计－高等学校－教材　Ⅳ. ①TN02

中国版本图书馆 CIP 数据核字（2016）第 200132 号

策划编辑：赵玉山
责任编辑：赵玉山
印　　刷：北京虎彩文化传播有限公司
装　　订：北京虎彩文化传播有限公司
出版发行：电子工业出版社
　　　　　北京市海淀区万寿路 173 信箱　邮编 100036
开　　本：787×1 092　1/16　印张：10.75　字数：275 千字
版　　次：2016 年 10 月第 1 版
印　　次：2018 年 11 月第 2 次印刷
定　　价：29.00 元

凡所购买电子工业出版社图书有缺损问题，请向购买书店调换。若书店售缺，请与本社发行部联系，联系及邮购电话：（010）88254888，88258888。

质量投诉请发邮件至 zlts@phei.com.cn，盗版侵权举报请发邮件至 dbqq@phei.com.cn。

本书咨询联系方式：（010）88254556，zhaoys@phei.com.cn。

教育部 财政部职业院校教师素质提高计划成果系列丛书

项目专家指导委员会

教育部 财政部职业院校教师素质提高计划成果系列丛书

《电子信息工程》专业职教师资培养资源开发（VTNE021）

项目牵头单位：陕西科技大学

项目负责人：党宏社

出版说明

《国家中长期教育改革和发展规划纲要（2010—2020 年）》颁布实施以来，我国职业教育进入加快构建现代职业教育体系、全面提高技能型人才培养质量的新阶段。加快发展现代职业教育，实现职业教育改革发展新跨越，对职业学校"双师型"教师队伍建设提出了更高的要求。为此，教育部明确提出，要以推动教师专业化为引领，以加强"双师型"教师队伍建设为重点，以创新制度和机制为动力，以完善培养培训体系为保障，以实施素质提高计划为抓手，统筹规划，突出重点，改革创新，狠抓落实，切实提升职业院校教师队伍整体素质和建设水平，加快建成一支师德高尚、素质优良、技艺精湛、结构合理、专兼结合的高素质专业化的"双师型"教师队伍，为建设具有中国特色、世界水平的现代职业教育体系提供强有力的师资保障。

目前，我国共有 60 余所高校正在开展职教师资培养，但由于教师培养标准的缺失和培养课程资源的匮乏，制约了"双师型"教师培养质量的提高。为完善教师培养标准和课程体系，教育部、财政部在"职业院校教师素质提高计划"框架内专门设置了职教师资培养资源开发项目。中央财政划拨 1.5 亿元，用于系统地开发用于本科专业职教师资培养标准、培养方案、核心课程和特色教材等系列资源，其中，包括 88 个专业项目，12 个资格考试制度开发等公共项目。该项目由 42 家开设职业技术师范专业的高等学校牵头，组织近千家科研院所、职业学校、行业企业共同研发，一大批专家学者、优秀校长、一线教师、企业工程技术人员参与其中。

经过三年的努力，培养资源开发项目取得了丰硕成果。一是开发了中等职业学校 88 个专业（类）职教师资本科培养资源项目，内容包括专业教师标准、专业教师培养标准、评价方案，以及一系列专业课程大纲、主干课程教材及数字化资源；二是取得了 6 项公共基础研究成果，内容包括职教师资培养模式、国际职教师资培养、教育理论课程、质量保障体系、教学资源中心建设和学习平台开发等；三是完成了 18 个专业大类职教师资资格标准及认证考试标准开发。上述成果，共计 800 多种正式出版物。总体来说，培养资源开发项目实现了高效益：形成了一大批资源，填补了相关标准和资源的空白；凝聚了一支研发队伍，强化了教师培养的"校—企—校"协同；引领了一批高校的教学改革，带动了"双师型"教师的专业化培养。职教师资培养资源开发项目是支撑专业化培养的一项系统化、基础性工程，是加强职教教师培养培训一体化建设的关键环节，也是对职教师资培养培训基地教师专业化培养实践、教师教育研究能力的系统检阅。

自 2013 年项目立项开题以来，各项目承担单位、项目负责人及全体开发人员做了大量深入细致的工作，结合职教教师培养实践，研发出很多填补空白、体现科学性和前瞻性的成果，有力推进了"双师型"教师专门化培养向更深层次发展。同时，专家指导委员会的各位专家以及项目管理办公室的各位同志，克服了许多困难，按照两部对项目开发工作的总体要求，为实施项目管理、研发、检查等投入了大量时间和心血，也为各个项目提供了专业的咨询和指导，有力地保障了项目实施和成果质量。在此，我们一并表示衷心的感谢。

编写委员会

2016 年 3 月

前　言

　　本教材是作者承担的教育部、财政部《职教师资本科专业培养标准、培养方案、核心课程和特色教材开发》（电子信息工程专业，VTNE021）的成果之一，该项目以培养"专业性、师范性、职业性"三性融合、能适应职教师资需求的复合人才为目标，在广泛调研论证的基础上，制定了相应的教师标准、教师培养标准、教师评价方案以及核心教材和数字化资源等，在项目研究过程中，得到了教育部职教师资培养资源开发项目专家指导委员会各位专家的精心指导和项目管理办公室的大力帮助，作者代表项目组表示感谢。

　　在多年的教学实践中，作者深切地体会到必须适应社会对高等教育的要求，改变现有的某些培养方式，提高学生应用知识的能力，使学生能够把所学的各门课程的知识，按照一定的条理串联起来，从系统或整体的角度去解决具体问题，真正提高其实践能力，为社会做出贡献。在承担教育部职教师资本科专业项目研究期间，我们对职教培养体系有了比较深刻的认识，问题导向、项目式，以及工作过程导向等职教体系的成熟经验，对于提高学生的实践能力是卓有成效的，而普通高校的学科体系，在夯实学生的理论基础、教会学生方法方面具有优势，考虑到"电子系统设计与实践"课程的特点，我们确定了兼顾学科性和职业性的编写思路，期望这本书既能满足职教教师懂专业、有能力（实践操作能力）的要求，又能满足应用型大学培养学生实践能力的需求。

　　按照兼顾学科性与职业性的编写目标，确定了"方法介绍、工具使用和设计实践"的组成结构，目的是使学生既了解电子系统设计的方法与规范，又能通过不同类型项目的实际练习，提高综合利用所学知识、分析和解决具体问题的能力。在内容呈现方式上，坚持理论够用、项目式实施的原则，由浅入深、由小到大，逐次展开，各个项目既具有独立的功能，组合起来又可以完成一个更大的功能；项目实施按照"明确设计要点、查找资料、方案论证、单元设计、安装调试、总结、设计拓展"等进行，以问题为导向，以掌握应用技术为目标，培养学生利用所学知识解决问题的能力，同时还能总结、扩展，以培养其创新意识。

　　本书的读者对象是学过"电子技术"、"单片机（微控制器）"等课程的电类各专业的学生或研究生，期望学生通过各个项目的练习与实践，既能掌握设计方法，又能提高利用所学知识解决具体问题的能力，如果还能举一反三，拓展应用范围，就更让作者欣慰了。

本书中的部分电路图是由仿真软件绘制而成的，图中部分电气图形符号及元器件符号与正文不一致，为保持仿真软件的风格，本书未将电路图中的元器件符号进行规范。为了方便与图对照，正文中某些章节的符号也采用了图中的表示方法，而未完全按照标准规范，如 VCC 等。

本书由党宏社确定编写架构和编写体例，并编写了第 1 章、第 3 章、第 4 章，以及第 5 章的第一节，由张震强编写第 2 章及第 3 章和第 4 章的其余部分，由李秦君编写第 5 章的其余部分，全书由党宏社统稿。

在本书的编写过程中，得到了电子工业出版社赵玉山老师的大力支持和鼓励，作者表示诚挚的感谢；项目组的多位同事参与了教材结构与呈现形式的讨论，也给予了不同形式的帮助和支持，作者一并表示衷心的感谢。

2016 年 3 月于陕西科技大学

目　　录

第1章　电子系统设计概述 ………………………………………………………（1）

  1.1　电子系统概述 ……………………………………………………………（1）

    1.1.1　有关概念 …………………………………………………………（1）

    1.1.2　电子系统的组成 …………………………………………………（2）

  1.2　目的与要求 ………………………………………………………………（2）

    1.2.1　目的 ………………………………………………………………（2）

    1.2.2　要求 ………………………………………………………………（3）

  1.3　设计方法与步骤 …………………………………………………………（3）

    1.3.1　设计方法 …………………………………………………………（4）

    1.3.2　设计步骤 …………………………………………………………（5）

  1.4　文献检索与报告撰写 ……………………………………………………（7）

    1.4.1　文献检索简介 ……………………………………………………（7）

    1.4.2　设计报告撰写 ……………………………………………………（9）

第2章　常用工具软件介绍 …………………………………………………………（12）

  2.1　Multisim 软件 ……………………………………………………………（12）

    2.1.1　简介 ………………………………………………………………（12）

    2.1.2　使用方法 …………………………………………………………（13）

    2.1.3　基于 Multisim 的电路仿真 ……………………………………（16）

  2.2　Proteus 软件 ……………………………………………………………（22）

    2.2.1　简介 ………………………………………………………………（22）

    2.2.2　使用方法 …………………………………………………………（23）

    2.2.3　基于 Proteus 的电路仿真 ………………………………………（26）

  2.3　Keil C51 软件 ……………………………………………………………（33）

    2.3.1　简介 ………………………………………………………………（33）

    2.3.2　keil C51 使用方法 ………………………………………………（34）

    2.3.3　基于 Keil C51 的单片机编程 …………………………………（36）

第3章　模拟电子系统设计 …………………………………………………………（42）

  3.1　模拟电子系统设计概述 …………………………………………………（42）

    3.1.1　模拟电子系统的组成 ……………………………………………（42）

    3.1.2　模拟电子系统的设计 ……………………………………………（43）

  3.2　双极型单管放大电路设计 ………………………………………………（44）

    3.2.1　设计要求 …………………………………………………………（44）

        3.2.2   设计要点 ·· （44）

        3.2.3   方案论证 ·· （44）

        3.2.4   方案设计 ·· （48）

        3.2.5   安装调试 ·· （52）

        3.2.6   设计拓展 ·· （54）

   3.3   音频功率放大电路设计 ·· （55）

        3.3.1   设计要求 ·· （55）

        3.3.2   设计要点 ·· （55）

        3.3.3   方案论证 ·· （55）

        3.3.4   方案设计 ·· （57）

        3.3.5   安装调试 ·· （64）

        3.3.6   设计拓展 ·· （66）

   3.4   小功率线性直流稳压电源设计 ·································· （66）

        3.4.1   设计要求 ·· （66）

        3.4.2   设计要点 ·· （66）

        3.4.3   方案论证 ·· （67）

        3.4.4   方案设计 ·· （69）

        3.4.5   安装调试 ·· （71）

        3.4.6   设计拓展 ·· （72）

第4章   数字电子系统设计 ·· （73）

   4.1   数字电子系统设计概述 ·· （73）

        4.1.1   数字电子系统的组成 ···································· （73）

        4.1.2   数字电子系统的设计 ···································· （74）

   4.2   交通信号灯控制器设计 ·· （75）

        4.2.1   设计要求 ·· （75）

        4.2.2   设计要点 ·· （75）

        4.2.3   方案论证 ·· （75）

        4.2.4   方案设计 ·· （78）

        4.2.5   安装调试 ·· （91）

        4.2.6   设计拓展 ·· （93）

   4.3   竞赛抢答器设计 ·· （93）

        4.3.1   设计要求 ·· （93）

        4.3.2   设计要点 ·· （94）

        4.3.3   方案论证 ·· （94）

        4.3.4   方案设计 ·· （95）

        4.3.5   安装调试 ·· （102）

        4.3.6   设计拓展 ·· （104）

4.4 数字温度计设计 ·· (104)

    4.4.1 设计要求 ·· (104)

    4.4.2 设计要点 ·· (104)

    4.4.3 方案论证 ·· (105)

    4.4.4 方案设计 ·· (106)

    4.4.5 安装调试 ·· (109)

    4.4.6 设计拓展 ·· (111)

第5章 微控制器系统设计 ··· (112)

  5.1 微控制器系统设计概述 ·· (112)

    5.1.1 微控制器系统的组成 ·· (112)

    5.1.2 微控制器系统的设计 ·· (113)

  5.2 键控流水灯设计 ·· (114)

    5.2.1 设计要求 ·· (114)

    5.2.2 设计要点 ·· (114)

    5.2.3 方案论证 ·· (114)

    5.2.4 方案设计 ·· (117)

    5.2.5 安装调试 ·· (132)

    5.2.6 设计拓展 ·· (133)

  5.3 温度测控系统设计 ·· (133)

    5.3.1 设计要求 ·· (133)

    5.3.2 设计要点 ·· (133)

    5.3.3 方案论证 ·· (134)

    5.3.4 方案设计 ·· (135)

    5.3.5 安装调试 ·· (142)

    5.3.6 设计拓展 ·· (143)

  5.4 通信系统设计 ·· (143)

    5.4.1 设计要求 ·· (143)

    5.4.2 设计要点 ·· (144)

    5.4.3 方案论证 ·· (144)

    5.4.4 方案设计 ·· (146)

    5.4.5 安装调试 ·· (158)

    5.4.6 设计拓展 ·· (159)

参考文献 ·· (160)

第1章　电子系统设计概述

本章简要介绍了电子系统设计的基本概念和方法，使读者能够对电子系统的组成、设计方法、设计过程有基本的了解和认识。随着社会的进步，各类电子产品和器件不断涌现，在电子系统的设计中，已经离不开微控制器、可编程逻辑器件和 EDA 设计工具，掌握先进的系统设计方法可以获得事半功倍的效果。

1.1　电子系统概述

1.1.1　有关概念

1. 系统

系统是指由两个及两个以上的物体，按照一定的规律连接起来的、具有某种特定功能的整体。系统有各种各样的形式，大的如由山川、河流组成的自然系统，由人、车、路灯组成的交通系统，由各种人、物、地区等组成的社会系统；小的如由开关、电线、灯管等组成的日光灯系统，由显示屏、话筒、处理器等组成的手机系统等。

系统的属性主要有三个方面，其一是多，包含两个或两个以上的部分，其二是具有某种特定的功能，如手机的通话功能，日光灯系统的照明功能等，其三必须按照一定的规律连接才可以发挥功能，例如日光灯系统，如果不将灯管、开关、镇流器等用导线组成一个回路，灯管可能就不会发光，用电也可能不会安全。

2. 电子系统

电子系统是指将电子元器件按照一定的规律连接起来的、具有某种用途或功能的整体。如手机就是一个可以用来传递声音或信息的电子系统，电视机是一个可以用来接收图像和声音的电子系统，计算机也是一个由主机、显示器和键盘等组成的电子系统，我们身边的各种各样形式的装置或仪器，如电子手表，报警器、打印机等都是电子系统或包含有电子系统。

3. 电子系统设计

所谓电子系统设计，就是按照要求的功能和指标，综合运用所掌握的知识和方法，对任务进行分析，确定实现方案，设计电原理图，选择所用器件，进行实验验证，最终制作和调试完成，以及总结的全过程。

电子系统设计必须体现实用性、综合性、实践性。对初学者而言，电子系统设计是综合运用课程所学知识，进行实际电路的设计、安装和调试的过程，以加深对所学基本知识的理解，提高综合应用知识的能力、分析解决问题的能力和电子技术实践技能，初步培养设计与制作实用电子系统的能力。

电子系统设计涉及的知识面广，需要综合运用所学的知识，一般没有固定的答案，需要从实际出发，通过调查研究，查寻资料，方案比较及设计、计算等环节，才能得到一个较理想的设计方案，更重要的是，它不光是停留在理论设计和书面答案上，而要做出符合设计要求的实际电路。

电子系统设计课程是一门涉及知识的应用、综合，智力开发创新，工程技能训练，且理论性和实际性极强的课程，既需要设计者掌握相关的知识与方法，还需要设计者了解相关标准和器件，具备相应的工艺基础和实现能力。

1.1.2　电子系统的组成

按照所处理信号的类别，可以将电子系统分为模拟型、数字型及两者兼而有之的混合型三种，无论哪一种电子系统，它们都是能够完成某种任务的电子设备。所以，从这个角度去看，电子系统是由模拟电路、数字电路或数模混合电路组成的。

从功能来看，电子系统就是实现信号的采集、变换、传输、加工和输出，一般包括输入电路、信息处理电路和输出电路三大部分，如图 1.1.1 所示，电子系统的设计也主要涉及或包括这三部分电路的设计。

通常把规模较小、功能单一的电子系统称为单元电路，实际的电子系统一般由若干个单元电路构成，在设计时也可以按功能分别进行相应功能模块的设计。

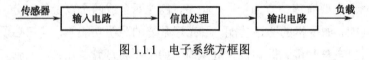

图 1.1.1　电子系统方框图

1.2　目的与要求

电子系统设计就是综合运用所学知识解决实际问题的过程，必须明确目的，严格要求自己，学会交流，独立完成。

1.2.1　目的

1. 通过对电子技术的综合运用，使学到的理论知识相互融汇贯通，在认识上产生飞跃。

2. 初步掌握一般电子电路的设计方法，使学生得到一些工程设计的初步训练，并为以后的毕业设计奠定良好基础。

3．培养学生的自学能力，以及独立分析问题、解决问题的能力。对设计中遇到的问题，通过独立思考、查找工具书、参考文献，寻求正确的答案；对实验中碰到的一些问题，能通过观察、分析、判断、改正、再实验、再分析等基本方法去解决。

4．学会绘制电路原理图、接线图，学会正确安装、调试电路系统，并学会分析查找故障原因，找到解决手段和方法，并会根据实验数据分析总结，提出建议。

5．熟悉和进一步加深对常用电子仪器仪表，如示波器、信号发生器、稳压电源及晶体管毫伏表的正确使用，重点要求学会使用示波器观测信号波形、幅值。

6．提高书面和口头表达能力。

1.2.2 要求

1．独立完成设计任务，通过设计题目的训练，锻炼自己综合运用所学知识的能力，并初步掌握电子技术设计的方法和步骤，而不是照抄照搬，寻找现成的设计方案。

2．熟悉电子设计相关工具的使用方法。

3．学会查阅资料和手册，学会选用各种电子元器件。

4．掌握常用电子仪器仪表的使用，如直流稳压电源，直流电压、电流表，信号源，示波器等。

5．学会掌握安装电子线路的基本技能和调试方法，善于在调试中发现问题和解决问题。

6．能够写出完整的课程设计总结报告。

1.3 设计方法与步骤

电子系统的设计与器件密切相关，一般按照所用器件的不同，可以分为两大部分，其一为传统设计方法，其二是现代的设计方法。

所谓传统的电子系统设计一般是指采用搭积木式的方法，由器件搭成电路板，由电路板搭成电子系统。系统常用的"积木块"是固定功能的标准集成电路，如运算放大器、74/54系列（TTL）、4000/4500系列（CMOS）芯片和一些固定功能的大规模集成电路。设计者根据需要选择合适的器件，由器件组成电路板，最后完成系统设计。传统的电子系统设计只能对电路板进行设计，通过设计电路板来实现系统功能。

所谓现代的电子系统设计是指采用微控制器、可编程逻辑器件通过对器件内部的设计来实现系统功能，这是一种基于芯片的设计方法。

20世纪90年代以后，EDA（电子设计自动化）技术的发展和普及给电子系统的设计带来了革命性的变化。在器件方面，微控制器、可编程逻辑器件等飞速发展。利用EDA工具，采用微控制器、可编程逻辑器件，正在成为电子系统设计的主流。

1.3.1　设计方法

下面介绍在传统与现代电子系统设计中经常采用的几种设计方法。

1. 自底向上设计方法

传统的系统设计采用自底向上的设计方法（见图 1.3.1）。这种设计方法采用"分而治之"的思想，它的基本策略是将一个复杂系统按功能分解成可以独立设计的子系统，子系统设计完成后，将各子系统拼接在一起完成整个系统的设计。一个复杂的系统分解成子系统进行设计可大大降低设计复杂度。由于各子系统可以单独设计，因此具有局部性，即各子系统的设计与修改只影响子系统本身，而不会影响其他子系统。

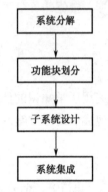

图 1.3.1　"Bottom-up"（自底向上）设计方法

利用层次性，将一个系统划分成若干子系统，然后子系统可以再分解成更小的子系统，重复这一过程，直至子系统的复杂性达到在细节上可以理解的程度。

模块化是实现层次式设计方法的重要技术途径，模块化是将一个系统划分成一系列的子模块，对这些子模块的功能和物理界面明确地加以定义，模块化可以帮助设计人员阐明或明确解决问题的方法，还可以在模块建立时检查其属性的正确性，因而使系统设计更加简单明了。将一个系统的设计划分成一系列已定义的模块还有助于进行集体间共同设计，使设计工作能够并行开展，缩短设计时间。

2. 自顶向下设计方法

在 VLSI 系统的设计中主要采用的方法是自顶向下设计方法（见图 1.3.2），这种设计方法主要采用综合技术和硬件描述语言，让设计人员用正向的思维方式重点考虑求解的目标问题。采用概念和规则驱动的设计思想，从高层次的系统级入手，从最抽象的行为描述开始，把设计的主要精力放在系统的构成、功能、验证直至底层的设计上，从而实现设计、测试、工艺的一体化。

图 1.3.2　"Top-down"（自顶向下）设计方法

这种基于芯片的设计方法，设计者可以根据需要定义器件的内部逻辑和管脚，将电路板设计的大部分工作放在芯片的设计中进行，通过对芯片设计实现电子系统的功能。灵活的内部功能块组合、管脚定义等，可大大减轻电路设计和电路板设计的工作量和难度，有效地增强设计的灵活性，提高工作效率。同时采用微控制器、可编程逻辑器件，设计人员在实验室可反复编程，修改错误，以期尽快开发产品，迅速占领市场。基于芯片的设计可以减少芯片的数量，缩小系统体积，降低能源消耗，提高系统的性能和可靠性。

3. 嵌入式设计方法

现代电子系统的规模越来越复杂，而产品的上市时间却要求越来越短，即使采用自顶向下设计方法和更好的计算机辅助设计技术，对于一个百万门级规模的应用电子系统，完全从零开始自主设计是难以满足上市时间要求的。嵌入式设计方法在这种背景下应运而生。嵌入式设计方法除继续采用自顶向下设计方法和计算机综合技术外，它最主要的特点是大量知识产权（Intellectual Property-IP）模块的复用，这种 IP 模块可以是 RAM、CPU 及数字信号处理器等。在系统设计中引入 IP 模块，使得设计者可以只设计实现系统其他功能的部分以及与 IP 模块的互连部分，从而简化设计，缩短设计时间。

一个复杂的系统通常既有硬件，又有软件，因此需要考虑哪些功能用硬件实现，哪些功能用软件实现，这就是硬件/软件协同设计的问题。硬件/软件协同设计要求硬件和软件同时进行设计，并在设计的各个阶段进行模拟验证，减少设计的反复，缩短设计时间。硬件/软件协同是将一个嵌入式系统描述划分为硬件和软件模块以满足系统的功耗、面积和速度等约束的过程。

嵌入式系统的规模和复杂度逐渐增长,其发展的另一趋势是系统中软件实现功能的增加，并用软件区分不同的产品，增加灵活性，快速响应标准的改变，降低升级费用和缩短产品上市时间。

1.3.2 设计步骤

电子系统的设计没有一成不变的规定的步骤，它往往与设计者的经验、兴趣、爱好密切相关，一般把总的设计过程归纳为如下几个环节，按照从宏观到微观，从大到小的流程进行。

1. 总体方案的设计与选择

在广泛收集与查阅有关资料、了解现状的基础上，广开思路,开动脑筋,利用已有的各种理论知识，从各种可能出发，拟定出尽可能多的方案，以便做出更合理的选择。

针对所拟的方案进行分析和比较。比较方案的标准有三个：一是技术指标的比较，看哪一种方案完成的技术指标最完善的；二是电路简易的比较，看哪一种方案在完成技术指标的条件下，最简单、最容易实现；三是经济指标的比较，在完成上述指标的情况下，选择价格低廉的方案，经过比较后确定一个最佳方案。

对确定的方案再进行细化和完善，形成最终方案。

2. 单元电路的设计与选择

按已确定的总体方案框图，对各功能框分别设计或选择出满足其要求的单元电路。明确功能框对单元电路的技术要求，必要时应详细拟定出单元电路的性能指标，然后进行单元电路结构形式的选择或设计。

对每一个功能框图进行设计和计算。主要包括：

① 选择电路的结构和型式；

② 组成电路的中心元件的选择；

③ 电路元件的计算、选择器件的基本原则就是尽量选通用的、集成度高的器件和电路，少选专用器件；

④ 核算所设计的电路是否满足要求；

⑤ 画出单元电路的原理电路图。

3. 总体设计

① 各单元电路确定以后，还要认真仔细地考虑他们之间的级联问题，如电气特性的相互匹配、信号耦合方式、时序配合，以及相互干扰等问题；

② 画出完整的电气原理图；

③ 列出所需的元件明细表；

④ 采用计算机仿真等手段对所需设计的电路进行设计和调试。

4. 安装和调试

由于电子元器件品种繁多且性能分散，电子电路设计与计算中又采用工程估算，再加之设计中要考虑的因素相当多，所以，设计出的电路难免会存在这样或那样的问题，甚至差错。实践是检验设计正确与否的唯一标准，任何一个电子电路都必须通过试验检验，未能经过试验的电子电路不能算是成功的电子电路。通过试验可以发现问题，分析问题，找出解决问题的措施，从而修改和完善电子电路设计。只有通过试验,证明电路性能全部达到设计的要求后，才能画出正式的总体电路图。

在安装之前，需要对各个元器件的质量进行测试和检验，以减少调试中的故障。在安装过程中，尽量注意安装的技术规范并避免损坏元件。调试包括单元电路的性能调试和整个电路的技术指标测试。在调试过程中，要善于发现问题，并找出解决办法，从中摸索出调试的一般方法和规律，总结出有用的实践经验。

经过总体电路试验后，可知总体电路的组成是否合理及各单元电路是否合适，各单元电路之间的连接是否正确，元器件参数是否需要调整，是否存在故障隐患，以及解决问题的措施，从而为修改和完善总体电路提供可靠的依据。

电子系统的设计与制作流程如图 1.3.3 所示。

5. 总结报告

设计总结报告，包括对设计中产生的各种图表和资料进行汇总，以及对设计过程的全面系统总结，把实践经验上升到理论的高度。总结报告中，通常应有以下内容：

① 设计任务和技术指标；

② 对各种设计方案的论证和电路工作原理的介绍；

③ 各单元电路的设计和文件参数的计算；

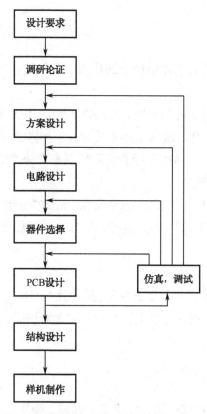

图 1.3.3　电子系统设计与制作流程

④ 电路原理图和接线图，并列出元件名细表；

⑤ 实际电路的性能指标测试结果，画出必要的表格和曲线；

⑥ 安装和调试过程中出现的各种问题，及其分析和解决办法；

⑦ 说明本设计的特点和存在的问题，提出改进设计的意见；

⑧ 本次设计的收获和体会。

1.4　文献检索与报告撰写

1.4.1　文献检索简介

文件检索与应用能力是一个科技人员的基本素质和基本功，是进行高水平科研工作的基础。通过文献检索，及时地了解与自己科研工作相关的信息与动态，是进行高水平科研的基础工作。大学生进行设计工作，是一项训练科研工作能力的教学实践，取得的文献资料越多，消化吸收得越好，则撰写开题报告和设计报告越顺利。因此，利用设计过程对文献检索与应用能力的培养十分重要。学生要在教师的指导下学会查阅相关文献和资料的步骤和方法，学会对文献的筛选和应用。

1. 文献资料的作用

查阅科技文献资料在科研工作中所起的作用主要体现在以下几个方面：

① 借鉴前人成果

科研人员在对某一项目进行研究时，通过收集到的文献资料，可以了解前人在同类研究课题中已经做了哪些工作，取得了哪些成果，怎样做的，做到什么程度，还存在什么问题。在此基础上，制定出切实可行的科研规划和实施方案。

② 了解正在进行中的研究

自己要进行的科研项目，可能别人也在研究，通过文献调研，直接或间接地了解目前在何处、由何人、以何等规模与方式进行，研究方向是什么。这种信息有助于寻找合作伙伴，共同开发研究。

③ 扩大知识面

学生从通常的理论课学习转入专业性很强的课程设计，往往无所适从，需要有一个过渡过程。通过查阅文献资料，可以丰富知识，扩大知识面。同时避免低水平重复，少走弯路。

2. 检索文献的途径与方法

文献具有各种形式，如书籍、报刊、杂志、图纸、胶片、磁带、光盘及网络文件等，凡是承载有知识和信息的物体都可以称为文献。

检索文献的途径可通过查阅书名或文章名、作者姓名，或按照文献分类号、文献序号查找，也可由主题词、关键词查找。在这些检索途径中，按照书名、文章名、作者姓名检索时，只要准确记住所要查找文献的书名或文章名，即可像查字典一样，快速查到所需的文献。同时由于现代从事科研工作的个人或团体一般都有其相对稳定的专业范围，其研究专题具有延续性，根据作者姓名索引往往可以在同一标目下查阅到同类或相关的文献资料。

文献的分类号与序号指文献资料所属专业类别或文献编号。世界各国都有自己编制的学科分类体系分类法，我国现行的有《中国图书馆图书分类法》。按分类号检索文献时，首先要确定课题或所需的资料属于什么"类"，然后查明代表该类的符号和数字，再按此分类号查分类目录或分类索引，即可获得所需文献线索。

3. 国内常用检索系统

（1）中国学术期刊网（CNKI）。CNKI 是大型学术期刊数据库，期刊涵盖理工、农业、医药卫生、文史哲、经济政治与法律、教育与社会科学、电子技术与信息科学。

（2）万方数据资源系统。万方数据资源系统内容涉及自然科学和社会科学的各个专业领域，目前其基本内容被整合为数字化期刊、会议论文、科技信息、商务信息四个部分：数字化期刊包括理、工、农、医、人文 5 大类 70 多个子类的 2500 多种核心期刊。

（3）超星数字图书馆。是国家 863 计划中国数字图书馆示范工程，于 2000 年 1 月建立，收录了自 1921 年出版的各个时期的图书 21 万 9 千多种。按照中图法共分为 50 个大类。

（4）中国学位论文全文数据库。该库收录了自 1977 年以来我国各学科领域的博士、硕士研究生论文。内容涵盖自然科学、数理化、天文、地球、生物、医药、卫生、工业技术、航空、环境、社会科学、人文地理等各学科领域，充分展示了中国研究生教育的庞大阵容。

4. 文献资料的引用

对所得到的文献资料经过筛选、消化和吸收之后，许多文献资料对设计或相关的研究起到了重要的参考作用，在撰写设计报告中也会引用到文献内的有关内容，这时应当注明所引用的文献。

1）引用文献的目的和方法

（1）注明引用文献的目的主要有以下几个方面：

- 在说明研究课题来源和立题思想时，通过引用文献，说明前人工作的基础及作者将要开展的工作范围和意义；
- 在论证作者研究成果的结论时，可引用他人文献资料作为自己的旁证；
- 在一些重要的学术观点上注明可参考的文献资料，为感兴趣的读者提供检索同类文件的便利；
- 对引用他人成果客观地说明出处，是对一个科技工作者职业道德的基本要求。不仅说明作者旁征博引、学识渊博，也是对他人研究成果的尊重。

（2）注明引用文献的方式通常有三种：

- 文中注：正文中在引用的位置用括号说明文献的出处；
- 脚注：正文中只在引用的地方写一个脚注标号，而在当页的最下方以脚注方式，按标号顺序说明文献出处；
- 文末注：正文中在引用的地方按顺序编号，编号用方括号括起并放在右上角，如[1]，[3~5]，然后在全文最后单设"参考文献"，按标号顺序一一说明出处。科技文献一般多采用文末注的方式。

2）参考文献书写格式

参考文献应是公开发表的出版物。它反映课程设计的取材来源和资料的可靠程度，体现严肃的科学态度和职业道德，一律放在说明书结论部分之后。参考文献的书写格式要按国家标准 GB 7714-2005 的规定。

1.4.2 设计报告撰写

设计报告撰写是设计过程的一个重要环节，也是对设计过程进行总结、提升和反思的过程，设计总结报告的形式一般包括封面、目录、内容等，其内容的介绍如下：

第一部分　设计任务

1.1　设计题目及要求 ………………………………………………………… 1

1.2 备选方案设计与比较 ……………………………………… 2

1.2.1 方案一 ……………………………………… 3

1.2.2 方案二 ……………………………………… 4

1.2.3 方案三 ……………………………………… 5

1.2.4 各方案分析比较 ……………………………… 6

第一部分的内容包括总体设计方案的设计思路（即课题分析），分析设计题目及要求，写出总体设计方案的思路，选择总体方案。

1．提出方案

满足上述设计功能可以实施的方案很多，现提出以下几种方案：

（1）方案一

① 原理方框图或电路图（框图一般不必画得太详细）；

② 根据原理方框图写出方案的基本原理或写出原理方框图中各部分的作用。

（2）方案二

（3）对各方案进行可行性分析、比较，选出最佳方案。

2．分析方案

分别说明各种方案的功能与特点、实现难易度和性价比，各种方案的优缺点，最后说明本作品选择哪个方案，为什么选择这个方案。

第二部分 设计方案

2.1 总体设计方案说明 ……………………………………… 7

2.2 模块结构与方框图 ……………………………………… 8

第二部分的内容包括对所选方案进行详细论证。

1．画出详细的原理方框图

2．详述其基本工作原理

第三部分 电路设计与器件选择

3.1 功能模块一（实际名） ………………………………………9

3.1.1 模块电路及参数计算 ……………………………… 10

3.1.2 工作原理和功能说明 ……………………………… 11

3.1.3 器件说明（含结构图、管脚图、功能表等）………………12

3.2 功能模块二（实际名） ……………………………… 13

3.2.1 模块电路及参数计算 ………………………………14

3.2.2 工作原理和功能说明 ……………………………… 15

3.2.3 器件说明（含结构图、管脚图、功能表等）………………… 16

3.3 功能模块三（实际名） ………………………………………17

3.3.1 模块电路及参数计算 ……………………………………………..18

3.3.2 工作原理和功能说明 …………………………………………19

3.3.3 器件说明（含结构图、管脚图、功能表等）…………………… 20

第三部分各功能模块的内容包括：①采用何种电路形式或器件；②单元电路图；③单元电路的功能和工作原理；④参数详细计算过程；⑤所用器件的简介（包括逻辑图、器件引脚图、器件引脚功能和真值表）。

第四部分　整机电路

4.1　整机电路图（可手画，以打印效果清楚为原则）………………… 21

4.2　元件清单 ……………………………………………………………22

整机电路图与单元电路图元器件的符号、元件清单的符号要一致。

第五部分　电路仿真 （加分项目）

5.1　仿真软件简介 ………………………………………………………23

5.2　仿真电路图 …………………………………………………………24

5.3　仿真结果（附图）…………………………………………… 25

第六部分　安装调试与性能测量

6.1　电路安装 …………………………………………………………26

（推荐附整机数码照片）清楚说明硬件的安装过程。

6.2　电路调试 …………………………………………………………27

6.2.1 调试步骤及测量数据 ……………………………………… 28

6.2.2 故障分析及处理 …………………………………………...29

6.3 整机性能指标测量（附数据、波形等）……………… 30

第六部分的内容包括：①实验条件和调试主要仪器设备；②调试方法和技巧；③调试步骤；④性能指标测量及记录（包括整理数据、列出表格和绘制波形，分析实验结果，找出误差原因，提出减小误差的方法）；⑤写出调试中出现的故障、原因和排除方法。

第七部分 设计总结（心得体会）………………………………………31

这一部分一定要有感而发，针对设计与调试过程遇到的问题，解决的过程与结果等进行介绍，从而达到既提升自己，又有益于他人的目的。

第 2 章　常用工具软件介绍

在电子线路设计中，既有 Multisim 和 Proteus 等用于电子电路仿真与调试的软件，也有单片机开发用的 Keil C51 软件等，了解这些软件的特点，掌握其使用方法，可以极大地提高设计者的工作效率。

2.1　Multisim 软件

2.1.1　简介

Multisim 软件是加拿大 IIT（Interactive Image Technologies）公司在 1988 年推出的电路仿真软件 EWB（Electronic WorkBench）的升级版。IIT 公司先后开发了 EWB 软件及 EWB 的升级软件 Multisim 2001、Multisim 2007、Multisim 2008。后来该公司被美国国家仪器有限公司（National Instruments Corporation）收购，又相继开发出从 Multisim 2009~Multisim 2013 等版本软件。尽管 Multisim 软件版本不断更新，软件的基本使用方法是一样的，目前使用较多的是 Multisim 12 版本。该软件可以对模拟、数字、RF 电路、单片机电路仿真，被广泛应用于高校电路分析、模拟电路、数字电路和通信电子线路等课程的仿真设计平台。

Multisim 软件所提供的功能主要体现在以下几个方面：

（1）仿真能力：可提供 SPICE 仿真、RF 仿真、MCU 仿真、VHDL 仿真功能；

（2）建模功能：具有包含 17000 种以上的元件，并可以建立模型，创建自己的元器件；

（3）测试仪器：含有万用表、函数信号发生器、瓦特表、示波器、逻辑分析仪、频谱仪等 22 种测试仪器，提供了丰富的仪器仿真功能；

（4）分析能力：具有直流分析、交流分析、瞬态分析、失真分析、傅里叶分析、温度扫描分析等多种分析功能；

（5）电路板布线功能；

（6）实现了 NI LabView 软件与 Multisim 软件的结合使用。

Multisim 软件可以在 Windows XP、Windows 7、Windows 8 操作系统下工作，建议配置 Pentium 4/M 微处理器、512MB 内存、2GB 可用磁盘空间、1024×768 分辨率显示器。

2.1.2 使用方法

1．启动软件

单击"开始"→"所有程序"→"National Instruments"→"Circuit Design Suite 12.0"
→"multisim 12.0"，启动 Multisim 软件，桌面显示 Multisim 窗口界面，如图 2.1.1 所
示。窗口界面包含菜单栏（最上行）、系统工具栏（第 2 行）、元器件库（第 3 行）、仪
表工具栏（右列）、设计工具栏（左面）、表格观察窗（下面）、设计窗口（中间）几个
部分。工具栏和"表格观察窗"可以利用菜单"View"→"Toolbars"下的相关命令进
行显示和显示关闭的操作。

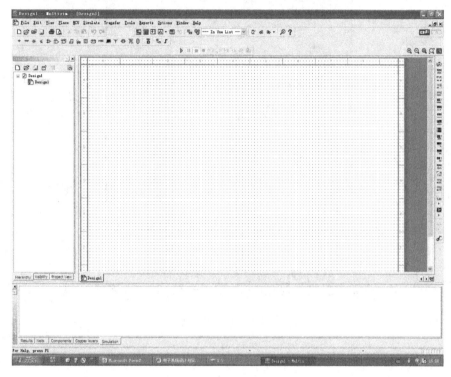

图 2.1.1　Multisim 窗口界面

2．设置图纸属性

选择菜单"Options"→"Sheet Properties"，弹出"图纸属性"对话窗口，选择该
窗口中的"Workspace"标签，弹出该页窗口，如图 2.1.2 所示。选择图纸尺寸（Sheet Size）
为"A4"，图纸方向（Orientation）为"Landscape"，其他默认。

3．放置元件

放置元件的方法有两种，可选择菜单"place"→"component"命令，打开元件库，
选择元件型号，如图 2.1.3 所示。也可以利用工具栏中的元器件库符号打开元件库。元

器件库工具栏中的符号从左向右分别是：电源/信号源库、基本元件库、二极管库、三极管库、模拟器件库、TTL 元件库、CMOS 元件库、其他数字元件库、模数混合器件库、显示器件库、电源电路器件库、杂类器件库、高级外围器件库、射频器件库、机电器件库、NI 器件库、连接器件库、MCU 器件库、调入子电路、放置总线。如果需要某种元件，可以单击相应符号，选择相应的元件。例如，放置一个电阻、电容、电感，可选择基本元件库；放置 VCC，GND，可选择电源/信号源库；放置运放，可选择模拟器件库。为了熟悉元件库以及库中所含的元件，初学者需要多浏览一下元件库。

图 2.1.2　图纸属性对话框

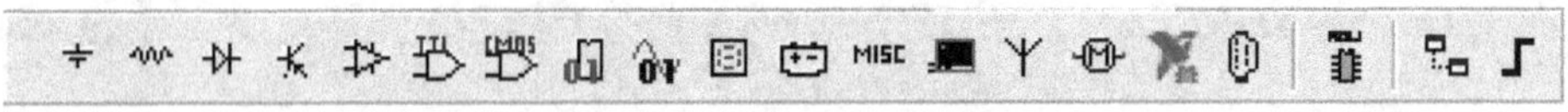

图 2.1.3　元件库工具栏

4．调整元件

元件调整是指元件的移动、删除、复制、旋转、修改参数等操作。

① 元件移动：单击某个元件，选中时元件变成蓝色，其周边产生一个虚框。按住鼠标左键不放，拖动该元件到指定位置后，松开左键即可。

② 元件删除：选中某个元件，右击鼠标，在弹出的菜单中选择"Delete"项即可。

③ 元件复制：选中某个元件，右击鼠标，在弹出的菜单中选择"Copy"，再右击一次，在弹出的菜单中选择"Paste"项即可。

④ 元件旋转：选中某个元件，右击鼠标，在弹出的菜单中选择"Flip Horizontally"（水平翻转）、"Flip Vertically"（垂直翻转）、"Rotate 90°Clockwise"（顺时针旋转 90度）、"Rotate 90°Counter Clockwise"（逆时针旋转 90 度）任意一项，可使元件按要求旋转或翻转。

⑤ 多个元件的调整：多个元件在进行移动、删除、复制、旋转的操作前，需要先选中这些元件，选中后可按照单个元件的操作方法进行。选中多个元件的方法是：鼠标放在所选区域的任意一个角上，按下左键不放，将鼠标移到区域的对角处，再松开鼠标左键，被选中的所有元件均改变颜色。

⑥ 改变元件标称值的方法：这里主要是指电阻、电容、电感的标称值，如果需要修改它们的参数，双击该元件，在弹出的对话窗口中可以更改标称值。

5. 连接元件

元件之间的连接是一种电气的连接，下面介绍其连接步骤及方法。

① 将鼠标放置在第一个元件的一端，出现黑色节点时，停止移动，并单击鼠标一次，确定连线起点；

② 移动鼠标到需要连接的第二个元件的一端，当出现黑色节点时，停止移动，并再单击一次，确定连线终点；

③ 此时，自动实现了一条连接起点、终点的连线。

如果自己控制走线方向，在确定连线起点后，将鼠标移到所需转向的位置处，再单击鼠标一次，确定连线转折点。重复操作，直至移到某个元件端，确定连线终点。

删除一条走线的方法是：右击连线，在弹出的菜单中选择 "Delete" 项。

放置节点可用菜单命令 "Place" → "Junction"，放置连线则可用 "Place" → "Wire" 命令。

6. 放置仪器

Multisim 软件提供了多种仿真用仪表，单击仪表工具栏（见图 2.1.4）中的某个符号，再将鼠标移到设计窗口中，在设计窗口空白处单击鼠标，就放置了所选符号代表的仪器。仪表工具栏中包含的仪表有以下几种：万用表、函数发生器、瓦特表、双通道示波器、四通道示波器、波特图仪、频率计、字发生器、逻辑转换仪、逻辑分析仪、IV分析仪、失真分析仪、频谱分析仪、网络分析仪、安捷伦函数发生器、安捷伦多功能表、安捷伦示波器、泰克示波器、测量工具、Labview 仪器、NI ELVIsmx 仪器、互感器。使用者可根据需要很方便地选择这些仪器。

图 2.1.4　仪表工具栏

7. 仿真运行

Multisim 软件的工作界面上有一组功能控制开关，如图 2.1.5 所示。其中最左面的是运行键、其次是暂停键，第三个是停止键。修改元件参数或者修改、调整线路时，需先停止仿真运行，后进行线路调整。另外在软件的工作界面右上角处，有一个仿真开关和暂停键，功能相同。

图 2.1.5　功能开关

8．保存文件

从创建文件开始，在整个电路设计、仿真过程中，随时可以进行文件保存，以防文件内容丢失。保存方法类似于所有软件的保存方法。

方法 1：

选择菜单"File"→" Save"，保存所建立的文件，文件默认名为 Circuit1.ms12。

方法 2：

选择菜单"File"→"Save As"，可以按照自己的需要修改文件名并保存文件，还可设置保存的路径。

2.1.3　基于 Multisim 的电路仿真

项目 1：*RC* 电路的过渡过程

主要步骤：

1．创建项目文件

单击"开始"→"所有程序"→"National Instruments"→"Circuit Design Suite 12.0"→"multisim 12.0"，启动 multisim 12.0 软件。也可直接双击 Multisim 运行图标，启动程序运行。

如果软件打开了以前的设计，可以先关闭这个设计，再创建自己的设计文件。方法是：选择菜单"File"→"Close All"命令，关闭已经打开的设计。选择"File"→"New"命令，创建新的设计。

2．设置图纸属性

选择菜单"Options"→"Sheet Properties"，选择对话窗口中的"Workspace"标签。在弹出窗口中设置图纸尺寸（Sheet Size）为"A4"，图纸方向（Orientation）为水平放置"Landscape"，默认其余项设置。

3．保存文件

选择菜单"File"→"Save"或工具栏中的保存按钮，保存文件。按照弹出窗口的要求，设置存储路径和定义文件名，其中文件类型的扩展名默认。保存文件后，下次启动时可以直接双击该文件名，或者利用菜单"File"→"Open"打开自建文件。保存文件的操作可放在后面执行，也可以随时保存。

4．放置元件

利用工具栏中的器件库符号，在设计窗口中分别放置一个电阻、一个电解电容、一个开关、一个直流电源、一个"接地"符号，按照先选择元件库，再选择元件类型、最后选择具体元件的方法放置，可参考表 2.1.1。放置后的元件符号参看图 2.1.6。

表 2.1.1　放置的元件列表

元　件	所在器件库名	库中元件类型	库中元件名称	称标值
电阻	"Basic"基本器件库	RESISTOR	1k	1k
电阻	"Basic"基本器件库	RESISTOR	1k	1k
电解电容	"Basic"基本器件库	CAP-ELECTROLIT	1μF	1μF
开关	"Basic"基本器件库	SWITCH	SPST	
直流电源	"Sources"电源/信号源器件库	POWER-SOURCES	DC-POWER	12V
"接地"符号	"Sources"电源/信号源器件库	POWER-SOURCES	GROUND	

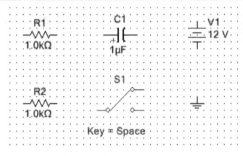

图 2.1.6　放置元件结果

5．调整元件

利用移动、旋转等功能调整 5 个元件的位置，如图 2.1.7 所示。

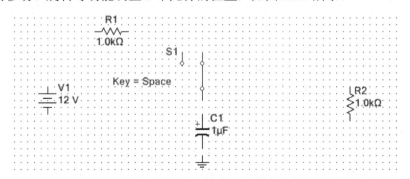

图 2.1.7　调整元件位置结果

6. 连线

利用连线功能进行连接。

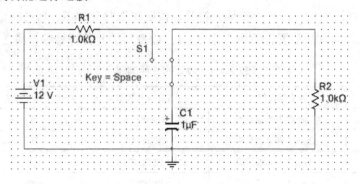

图 2.1.8　连线结果

7. 放置仪表

选择菜单"View"→"toolbars"，选中下拉菜单 Instroments，使 Multisim 界面出现仪表工具栏。选择仪表工具栏中"Oscilloscope"示波器图标按钮，放置并连接到电路中，结果如图 2.1.9 所示。

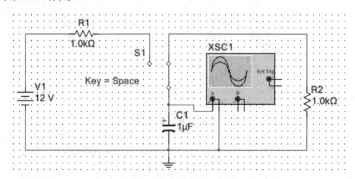

图 2.1.9　放置示波器并连线后的结果

8. 仿真运行

选择菜单"Simulate"→"Run"命令，或者单击工具栏中的仿真"运行"按钮或"开关"按钮，进入仿真运行。仿真运行过程中，双击示波器，可以显示示波器操作面板。

在图 2.1.9 中，S_1 旁有一个表达式"Key=Space"，表示按压键盘"空格"键，就可以控制开关 S_1 的切换。在仿真运行时，可通过键盘空格键执行开关的切换，也可以直接将鼠标移到 S_1 处，单击左键切换开关位置。

当 S_1 开关切换到左边，示波器观察的波形是电容两端的充电波形（见图 2.1.10）；当 S_1 开关切换到右边，示波器观察的波形是电容两端的放电波形（见图 2.1.11）；仿真运行时，可以随时暂停，并读取示波器上的波形参数，进行电路分析。

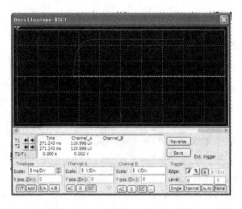
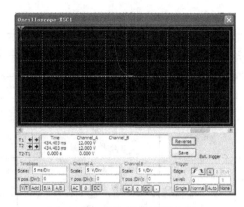

图 2.1.10　电容充电过程曲线　　　　　　图 2.1.11　电容放电过程曲线

在没有运行仿真之前，可以双击电容、电阻，修改它们的标称值，再重新进行仿真运行，分析波形变化。

过渡过程的计算公式为

$$u(t) = u(\infty) + [u(0_+) - u(\infty)]e^{-\frac{t}{\tau}} \tag{2.1.1}$$

其中，$u(0_+)$、$u(\infty)$、τ 分别是电容 C_1 两端的初始值、稳态值和 RC 充放电时间常数；$u(t)$ 是电容 C_1 两端电压的瞬时值。充电时间常数 $\tau=R_1C_1$；放电时间常数为 $\tau=R_2C_1$。

9. 打印输出

选择菜单"File"→"Print Options"命令，在弹出的菜单中选取打印原理图，或打印仪器波形。

项目 2：二阶有源低通滤波器

1. 创建项目

创建一个新的设计文件，设置图纸的尺寸为 A4，并保存新建文件。

2. 放置元件

参考表 2.1.2 中所列出的元件，从不同元件库中将这些元件放置到设计图纸中。双击电阻、电容、电位器，可以修改它们的标称值。双击 V_{DD}，在弹出窗口中选择"Value"标签，可以修改 V_{DD} 值为 12V。同理双击 V_{EE}，用同样方法可修改 V_{EE} 为-12V。

表 2.1.2　放置的元件列表

元　　件	所在器件库名	库中元件类型	库中元件名称	称标值
电位器 R_1	"Basic" 基本器件库	POTENTIOMETER	5k	5k
电位器 R_2	"Basic" 基本器件库	POTENTIOMETER	5k	5k
电阻 R_3	"Basic" 基本器件库	RESISTOR	5.1k	5.1k
电阻 R_4	"Basic" 基本器件库	RESISTOR	3k	3k

元　件	所在器件库名	库中元件类型	库中元件名称	称标值
电容 C_1	"Basic"基本器件库	CAP-ELECTROLIT	$0.1\mu F$	$0.1\mu F$
电容 C_2	"Basic"基本器件库	CAP-ELECTROLIT	$0.1\mu F$	$0.1\mu F$
运放	"Analog"模拟器件库	OPAMP	LM324AP	
正电源	"Sources" 电源/信号源器件库	POWER-SOURCES	V_{DD}	
负电源	"Sources" 电源/信号源器件库	POWER-SOURCES	V_{EE}	
"接地"符号	"Sources" 电源/信号源器件库	POWER-SOURCES	GROUND	

3. 完成连线

参考图 2.1.12，调整元件位置，并完成连线。

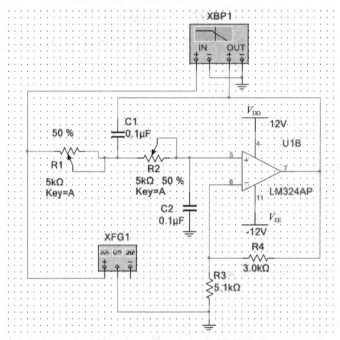

图 2.1.12　二阶有源低通滤波器仿真电路

4. 放置仪器

放置仪表函数发生器（Function generator）和波特图仪（Bode Plotter），并按照图 2.1.12 连接线路。双击函数发生器，弹出操作面板，仿真运行前可以先设置波形，函数发生器能够输出的波形分别为正弦波、三角波和方波。

正弦波设置：频率（Frequency）、幅度（Amplitude）（峰值）、偏移（Offset）（叠加一个直流成分）。

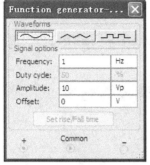

图 2.1.13　函数发生器面板

三角波设置：频率（Frequency）、占空比（Duty cyde）、幅度（Amplitude）（峰值）、偏移（Offset）（叠加一个直流成分）。

方波设置：双击函数发生器，弹出函数发生器面板，参考图 2.1.13，设定频率（Frequency）、占空比（Duty cyde）、幅度（Amplitude）（峰值）、偏移（Offset）（叠加一个直流成分）、上升/下降时间（Set rise/Fall time）。

双击波特图仪，弹出波特图面板（见图 2.1.14）。面板最上方的另一个按钮为选择显示方式按钮，可选择幅频（Magnitude）和相频（Phase）显示方式。单击幅频显示方式时，可以设置 X 轴、Y 轴的对数（Log）坐标或线性（Line）坐标。其中水平 X 轴方向的 I 表示起点坐标，F 表示终点坐标；纵向 Y 轴方向的 I 表示起点坐标，Y 表示终点坐标。使用时可根据观察波形的需要设置。

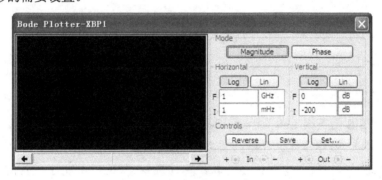

图 2.1.14　波特图仪面板

注意：在使用波特图时，必须使用函数发生器作为输入源，这就是为什么图 2.1.12 中放置了一个函数发生器。此时的函数发生器作为波特图仪的信号源，不需要设定特别的输出波形，任意波形均可，而且也可以不考虑输出幅度的大小。只有信号源单独使用时，才进行波形、幅值的设置。

5．仿真运行

单击工具栏中的仿真"运行"按钮，软件仿真运行。双击波特图仪，弹出面板，选择合适的坐标，适当调节起点、终点坐标，使便于观察波形和读数即可。图 2.1.15 为二阶有源低通滤波器的幅频特性，采用对数坐标，X 轴起点到终点的坐标为 1Hz～100kHz，Y 轴起点到终点坐标为-50dB～50dB。移动蓝色标尺，可以很容易读取标尺与曲线交叉点上的数值。

暂停仿真后，可以调整电阻 R_1、R_2 的阻值（两者阻值相等），观察对幅频曲线的影响。双击 R_4，适当更改 R_4 的阻值，观察幅频特性曲线的变化。

截止频率（指增益下降-3dB 或电压增益下降 0.707 倍的信号输入频率）为

$$f_0 = \frac{1}{2\pi RC}$$
(2.1.2)

其中，$R=R_1=R_2$，$C=C_1=C_2$。改变 R_4 的值可以改变 Q 值（指截止频率下的增益与通带增益之比）。

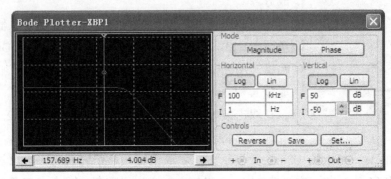

图 2.1.15　二阶有源低通滤波器幅频特性

2.2　Proteus 软件

2.2.1　简介

Proteus ISIS 是英国 Lab Center Electronics 公司开发的电路分析与仿真软件。它运行于 Windows 操作系统上，可以仿真、分析各种模拟电路、数字电路、集成电路、微控制器电路、外围接口电路，是一款集单片机和 SPICE 分析于一身的仿真软件，功能强大。

Proteus 软件所提供的功能主要体现在以下几个方面：

（1）实现了单片机仿真和 SPICE 电路仿真相结合。具有模拟电路仿真、数字电路仿真、单片机及其外围电路组成的系统的仿真、RS232 动态仿真、I2C 调试器、SPI 调试器、键盘和 LCD 系统仿真的功能；

（2）支持主流单片机系统的仿真。目前支持的单片机类型有 68000 系列、8051 系列、AVR 系列、PIC12 系列、PIC16 系列、PIC18 系列、Z80 系列、HC11 系列、ARM、8086 和 MSP430、Cortex 和 DSP 系列处理器以及各种外围芯片；

（3）提供软件调试功能。在硬件仿真系统中具有全速、单步、设置断点等调试功能，同时可以观察各个变量、寄存器等的当前状态。支持第三方的软件编译和调试环境，如 Keil C51 μVision 等软件；

（4）具有强大的原理图绘制功能；

（5）Proteus ARES 具有电路板布线功能。

2.2.2　使用方法

1．工作界面介绍

双击桌面 Proteus 图标或者选择"开始"→"所有程序"→"Proteus 7 Professional" →"ISIS 7 Professional"菜单命令，打开 Proteus ISIS 集成环境的操作界面。该界面主 要包括菜单栏、工具栏、显示区域选择窗口、对象选择器窗口、图形编辑窗口、仿真控 制按钮，如图 2.2.1 所示。

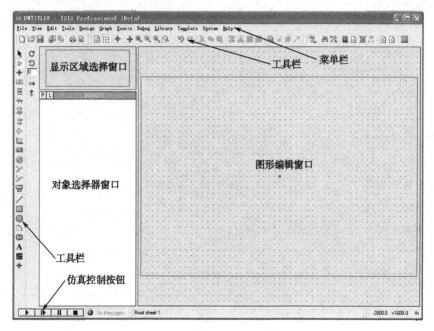

图 2.2.1　Proteus 仿真软件运行界面

（1）菜单栏

菜单栏与其他软件的菜单栏一样，用于选择各种命令，如图 2.2.2 所示。此处 不做详细介绍。

Eile　View　Edit　Tools　Design　Graph　Source　Debug　Library　Template　System　Help

图 2.2.2　Proteus 仿真软件菜单命令

（2）工具栏

利用工具栏可以很方便地执行菜单栏中的命令，可以通过执行菜单"View"→ "Toolbars"命令，打开或关闭图 2.2.1 上面工具栏的显示，而最左边的工具栏是不能关 闭的，始终保留。Proteus 工具栏主要分为 9 类，分别列于表 2.2.1 中。

下面介绍各工具栏中从左到右排列的工具功能。

① 文件操作/打印命令类包含了文件的"创建、打开、保存、导入、导出、打印、 选择打印"多项功能；

表 2.2.1　Proteus 工具栏列表

命 令 类 型	工 具 栏
①文件操作/打印命令类	
②显示命令类	
③编辑命令类	
④设计工具类	
⑤模型类工具	
⑥配件模型类工具	
⑦2D 画图工具类	
⑧旋转命令类	
⑨翻转命令（镜像）类	

　　② 显示命令类包含"更新显示、显示栅格、坐标原点定位、以鼠标为中心的显示方式、放大画面、缩小画面、显示整个图纸、显示所选区域"多项功能；

　　③ 编辑命令类包含了"撤销操作、恢复操作、剪切、复制、粘贴"功能，如果选定了一个含有多个器件的区域，还可以执行"块复制、块移动、块旋转、块删除"功能，编辑命令类还包括"选取器件、制作新器件、封装器件、分解器件"4 个功能；

　　④ 设计工具类包括"自动连线开关、查找元件工具、属性配置工具、图纸元件属性检查、产生新图纸、删除图纸、从子电路返回主电路、生成器件清单、电气规则检查、产生并导入网络表"10 项功能；

　　⑤ 模型类工具有"选择图纸元件、选择元件模型、放置节点、放置标签、放置文本、绘制总线、放置子电路"7 项功能；

　　⑥ 配件模型类工具包括"放置终端模型、放置器件引脚模型、曲线分析模型、录音机模型、信号发生器模型、电压探针、电流探针、虚拟仪器"等多个工具。其中信号发生器模型包括"直流发生器、正弦波发生器、脉冲发生器、指数函数发生器、调频信号发生器、边沿发生器、数字电路状态发生器、数字脉冲、数字时钟"等多种发生器；虚拟仪器模型提供了"示波器、逻辑分析仪、计数器、虚拟终端、I^2C 调试器、SPI 调

试器、图形发生器、直流电压表、直流电流表、交流电压表、交流电流表"多个虚拟仪器，可以方便地用于电路仿真。

⑦ 2D 画图工具中包含"画线、画矩形框、画圆、画弧、画封闭多边形曲线、放置文本、放置符号、放置标志"8 个工具；

⑧ 旋转命令类包含顺时针和逆时针两个旋转命令工具，每次选择要放置的元件后，先选择旋转命令，再放置元件到设计窗口中即可；

⑨ 翻转（镜像）命令类还包括水平镜像和垂直镜像两个命令工具，操作方法与旋转工具的操作方法一样。

（3）图形编辑窗口

该窗口相当于电路图纸，是电路图设计窗口。

（4）显示区域选择窗口

该区域可以总览整个电路图，移动一个绿色矩形框，绿色框内的区域就是所选的显示区域，使得该显示区域中的电路能够显示在"图形编辑窗口"中。

（5）对象选择器窗口

单击模型类工具栏中的"选择元件模型"工具" "，对象选择器窗口显示"图形编辑窗口"中已放置的器件名称列表（见图 2.2.3），如果需再次放置列表中的器件，可以直接单击列表中的元件名。在第一次放置某个元件时，需要选择该窗口左上角的"P"按钮，在弹出菜单中选择类（Category，即元件库）、子类（Sub-category，即子库）以及子类下的具体元件，因此要熟悉元件以及其所在的类（元件库）。也可以直接在这个窗口的左上角关键字（keywords）栏内，键入元件名称，查找该元件。如果不清楚元件名称时，可以键入几个关键字，再用"*"代替其他多个字母及数字。

（6）仿真控制按钮

该控制按钮从左到右依次由"运行、单步运行、暂停、停止"四个按钮组成（见图2.2.4），控制仿真的启、停。

图 2.2.3　对象选择器窗口

图 2.2.4　仿真控制按钮

2．电路仿真流程

Proteus 软件进行硬件电路仿真的步骤和方法与 Multisim 软件的硬件仿真步骤大同小异。基本工作流程如图 2.2.5 所示。

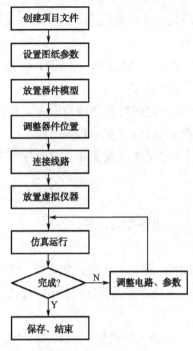

图 2.2.5　硬件仿真流程

3．单片机仿真流程

Proteus 软件在进行单片机仿真时，与纯硬件电路仿真的步骤稍有不同。另外根据所用的微控制器种类的不同，还需要用到相关的编程软件，例如 51 单片机仿真时，不仅用到 Proteus 软件、还要用到 51 编程软件，例如应用 Keil μVision 版本软件进行编程、编译，并生成*.HEX 可执行文件，仿真时需要装载*.HEX 中的机器码并执行相应指令。通常采取两种方法实现 Proteus 单片机的仿真：①单独使用 51 编程软件编程，编译生成机器码（*.HEX 格式），仿真时只需调用装载机器码，执行程序；②连接 Proteus 与 Keil μVision 软件，进行联合调试。本项目采用方法①，仿真流程如图 2.2.6 所示。

2.2.3　基于 Proteus 的电路仿真

项目 1　可逆计数器的级联

将两个 10 进制可逆计数器 74LS192 级联成 1 个 100 进制的计数器，该 100 进制计数器应具有清零、置数功能，可以进行加法计数。主要步骤如下。

1．创建项目文件

单击"开始"→"所有程序"→"Proteus 7 Professional"→"ISIS 7 Professional"，启动 Proteus 软件。也可直接双击 ISIS 7 Professional 运行图标，启动程序运行。

选择菜单"File"→"Open…"命令，打开已存在的设计，选择"File"→"New Design…"命令，创建新的设计。也可以直接使用工具栏。

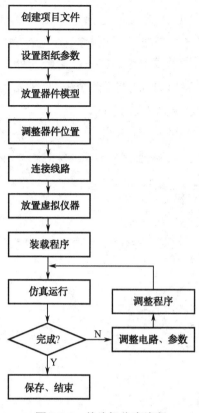

图 2.2.6　单片机仿真流程

2. 设置图纸尺寸

选择菜单"System"→"Set Sheet Sizes…"，在弹出的对话框中，选择图纸尺寸（Sheet Size）为"A4"。也可根据需要选择其他尺寸或自定义尺寸。

3. 保存文件

选择菜单"File"→"Save"或工具栏中的保存按钮，保存文件。按照弹出窗口的要求，设置存储路径并定义文件名，其中文件类型的扩展名默认。保存文件后，下次启动时可以直接双击该文件名，或者利用菜单"File"→"Open"打开自建文件。可随时执行文件保存操作。

4. 放置元件模型

①选择模型类工具栏中的"　　"放置元件模型符号工具；②单击对象选择器窗口中左上角的"P"按钮，弹出"选取器件"对话窗口，如图 2.2.7 所示；③选择类（Category）栏下的"TTL 74LS Series"；④选择子类（Sub-category）栏下的"Counters"计数器；⑤选择窗口右边"Results"下的"74LS192"模型；⑥单击"OK"按钮，图纸中仅出现一个光标；⑦单击鼠标，出现元件模型轮廓，并随光标一起移动；⑧将光标移动到图纸合适位置后，再单击鼠标，放置该可逆计数器。此时在"对象选择器窗口"中出现元件

模型列表,列表中暂时只有 74LS192 一个模型;⑨单击"对象选择器窗口"中的 74LS192,再将光标移到图纸编辑窗口中,单击,可重新放置 1 个 74LS192 计数器;⑩放置电源及"接地"模型,单击放置终端模型工具符号"⬚",在"对象选择器窗口"列表中,分别选择并放置"POWER"和"GROUND"两个模型。双击"POWER"模型,在"String"栏内写入"+5V",表示所选模型为直流 5V。

图 2.2.7 "选取器件"对话窗口

参考表 2.2.2,参照上述放置元件模型方法,放置其余元件模型。其中电阻共 16 个,也可以一次放置 16 个相同阻值的电阻,再利用双击电阻、修改标称值的方法进行阻值的更改。

表 2.2.2 放置的元件列表

器 件	所在类名 Category	所在子类名 Sub-Category	库中器件名称	称标值	数量
可逆计数器	TTL 74LS Series	Counters	74LS192		2
显示译码器	CMOS 4000 Series	Decoders	4511		2
七段 LED 共阴显示器	Optoelectronics	7-Segment Displays	SEG-COM-CATHODE		2
电阻	Resistors	0.6W Metal Film	MINRES300R	300	14
电阻	Resistors	0.6W Metal Film	MINRES10K	10k	2
按钮	Switches & Relays	Switches	BUTTON		2

5. 调整元件位置

当所有元件模型被放置到编辑窗口后,就可以利用移动、旋转等功能调整元件的位置,下面介绍其主要功能的使用方法。

① 旋转与翻转

将鼠标光标移至某个模型上，右击鼠标，弹出菜单，选择菜单中的旋转、翻转菜单指令即可。

② 移动单个元件

将鼠标光标移至某个模型上，右击鼠标，弹出菜单，选择菜单中的"Drag Object"即可移动选择的模型对象。

③ 复制单个元件

将鼠标光标移至某个模型上，右击鼠标，弹出菜单，选择菜单中的"Copy To Clipboardt"命令，再右击一次，在弹出菜单中选择"Paste From Clipboardt"，可实现复制功能。

④ 单个元件的删除

用鼠标左键选中模型后，单击键盘"Delete"键即可。

⑤ 多个元件的移动、复制、旋转、删除

与单个元件的操作方法一致，首先要选中区域，再按照单个元件的操作方法，执行相关指令。

元件摆放位置如图 2.2.8 所示。

6．连线

利用连线功能进行电气连接，连线结果如图 2.2.8 所示。

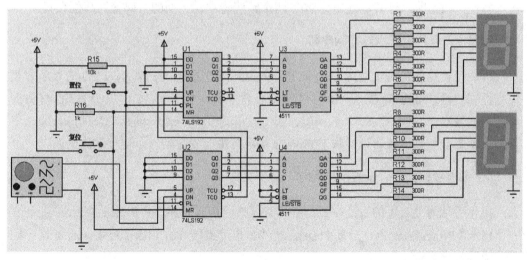

图 2.2.8　连线结果

7．放置仪表

选择虚拟仪器模型工具图标"　"，在对象选择器窗口中，选择信号发生器（SIGNAL GENERATOR），放置到编辑窗口中，按图 2.2.8 连接线路。

8. 仿真运行

单击工具栏中的仿真"运行"按钮，进入仿真工作状态。在仿真运行过程中，画面显示信号发生器操作面板，可调节信号源输出波形为方波、极性为单向、幅度为 5V、频率为 1Hz，如图 2.2.9 所示。

图 2.2.9   信号发生器操作面板

在本例程中，用两片 10 进制可逆计数器级联成 100 进制可逆计数器。其中，U_2 的第 4 脚 DN 端接 5V，相当于接逻辑"1"，第 5 脚 U_P 端接计数脉冲，完成加法计数。如果仅需完成减法计数，可将 U_2 的第 4 脚和第 5 脚连线对调，即 5 脚接 5V 电源、4 脚接计数脉冲。如果既要完成加法又要完成减法的功能，需要增加一个双刀开关，实现两条连线的切换控制。图 2.2.8 中"复位"按钮的作用是让计数器输出为 0，用鼠标单击复位按钮的图形，按钮会自动向下接触两个触点，并自动返回原位置。"置位"按钮的作用是使计数器按照预设定值输出，图中的预置数设定为 90（二进制数为 10010000），所以单击"置位"按钮时，计数器输出为 90。两个数码管中，上面的数码管为高位数码。

项目 2   单片机流水灯控制电路

本例程使用单片机实现对 LED 的亮、灭控制，通过两个按键，对 LED 的显示方式进行控制切换，按键 K_1 按下，8 个 LED 灯依次点亮。按键 K_2 按下，8 个 LED 灯分为两组，每组四个，1，3，5，7 为一组，2，4，6，8 为另一组。两组交替闪烁。通过该例程，使读者初步了解和学习基于 Proteus 的单片机仿真方法。主要步骤如下。

1. 创建项目文件、设置图纸尺寸、保存文件

操作方法与项目 1 的方法一致。单击"开始"→"所有程序"→"Proteus 7 Professional"→ "ISIS 7 Professional"，启动 Proteus 软件。也可直接双击 ISIS 7 Professional 运行图标，启动程序运行。

选择"File"→"New Design…"命令，创建新的设计。也可以直接使用工具栏。

选择菜单"System"→"Set Sheet Sizes…"，在弹出的对话框中，选择图纸尺寸。

选择菜单"File"→"Save"或工具栏中的保存按钮，保存文件。

2. 放置元件模型

参考表 2.2.3，放置器件模型。

表 2.2.3　放置的器件模型列表

器　件	所在类名 Category	所在子类名 Sub-Category	库中器件名称	称标值	数量
单片机	Microprocessor ICs	8051 Family	AT89C51		1
电阻	Resistors	0.6W Metal Film	MINRES300R	300	8
电阻	Resistors	0.6W Metal Film	MINRES10K	10k	3
发光二极管	Optoelectronics	LEDs	LED-YELLOW		8
按钮	Switches & Relays	Switches	BUTTON		3
电容	Capacitors	Generic	CAP	30p	2
电解电容	Capacitors	Generic	CAP-ELEC	10μF	1
晶振	Miscellaneous	ALL SUB-categories	CRYSTAL	12MHz	1

3．调整元件位置及连线

调整元件位置，就是调整电路图布局，使其合理整齐，结果如图 2.2.10 所示。

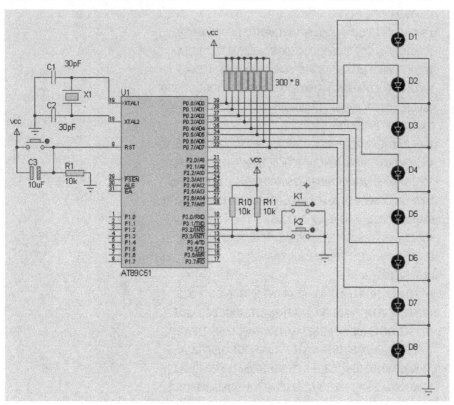

图 2.2.10　流水灯控制电路

4．放置虚拟仪器

本例无须放置虚拟仪器。

5. 装载程序

在装载程序前，首先对单片机编程、编译、生成可执行文件，这项工作在"装载程序"前的任何环节都可以完成，本例程生成的可执行文件名为 Test.hex。

双击单片机器件模型，在弹出窗口的"Program File"栏下，选择可执行文件 Test.hex 所在路径，并选择可执行文件 Test.hex，单击"OK"按钮，执行装载任务。

Test.hex 文件内容为：
```
:03000000020016E5
:0C001600787FE4F6D8FD75810902005DDA
:030173000108017F
:10013200120006E4F580850980E508600FAF0978B2
:1001420001EF08800123D8FDF50980036309FF7FD1
:08015200327E0012015A80DE2A
:0B000600D288D2A8D28AD2AAD2AF22A0
:030003000200A256
:1000A200C0E0C0F0C083C082C0D075D000C000C024
:1000B20001C002C003C004C005C006C0077F017EA4
:1000C2000012015A20B206750801750901D007D045
:1000D20006D005D004D003D002D001D000D0D0D0B9
:0800E20082D083D0F0D0E0329F
:030013000200EAFE
:1000EA00C0E0C0F0C083C082C0D075D000C000C0DC
:1000FA0001C002C003C004C005C006C0077F017E5C
:10010A000012015A20B306750800750955D007D0A8
:10011A0006D005D004D003D002D001D000D0D0D070
:08012A0082D083D0F0D0E03256
:10015A00D3EF9400EE9400400F7D267C82DCFEDD16
:08016A00FAEF1F70EB1E80E8A4
:01017200226A
:10002200020132E493A3F8E493A34003F68001F2C1
:1000320008DFF48029E493A3F85407240CC8C333DF
:10004200C4540F4420C8834004F456800146F6DFAE
:10005200E4800B0102040810204080900173E47ECA
:10006200019360BCA3FF543F30E509541FFEE493A3
:10007200A360010ECF54C025E060A840B8E493A36A
:10008200FAE493A3F8E493A3C8C582C8CAC583CA95
:10009200F0A3C8C582C8CAC583CADFE9DEE780BE4D
:010176000088
:00000001FF
```

6. 仿真运行

单击控制按钮工具中的"▶"（运行）按钮，软件执行仿真运行。按压 K₁ 按钮，

LED 循环依次点亮；按压 K_2 按钮，LED 交替点亮。

单击控制按钮工具中的"▐▶"（单步运行）按钮，系统单步运行。

单击控制按钮工具中的"▐▐"（暂停）按钮，使其变为黄色，进入程序调试状态，此时在"Debug"菜单中，可打开"8051 CPU Registers"CPU 寄存器、"8051 CPU Internal(IDATA) Memory"51CPU 内部数据存储器、"8051 CPU SRF Memory"51 特殊功能寄存器 3 个观察窗口。按下 K_2，单击单步运行按钮，可以观察到 3 个窗口的相关数据变化及运行结果，如图 2.2.11 所示。

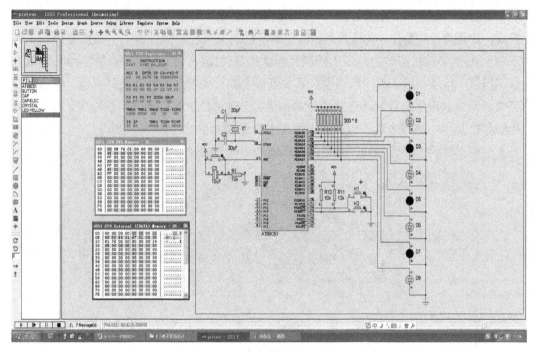

图 2.2.11　仿真运行

2.3　Keil C51 软件

2.3.1　简介

Keil 软件是美国 Keil Software 公司出品的单片机软件开发系统，可以运行在 Windows 98、NT、Windows 2000、Windows XP、Windows 7 和部分 Windows 8 操作系统中。其中，Keil C51 是 keil 软件中专门针对 51 单片机的 C 语言编程环境。Keil 提供了包括 C 编译器、宏汇编、链接器、库管理和一个功能强大的仿真调试器等在内的完整开发方案，通过一个集成开发环境（μVision）将这些部分组合在一起。

1988 年，自 Keil C51 编译器引入市场以来不断升级，由 Keil μVision2、Keil μVision3、

Keil μVision4，发展到 2013 年的 keil μVision5 IDE，不仅支持 51 系列单片机，同时还支持 ARM7、ARM9 和最新的 Cortex-M3 核处理器，具有自动配置启动代码，集成 Flash 烧写模块，Simulation 设备模拟，性能分析等。

2.3.2 keil C51 使用方法

1. 工作界面简介

选择"开始"→"所有程序"→"Keil μVision4"选项，打开 Keil μVision4 的操作界面，如图 2.3.1 所示。该界面主要包括菜单栏、工具栏、项目窗口、输出窗口和工作窗口 5 项。其中项目窗口中显示工程项目包含的各种文件，可显示 51 内部寄存器 R0~R7、数据指针、地址指针、程序状态字、累加器等内容，还可显示帮助文件内容。输出窗口可以显示对源程序进行编译连接的结果信息。工作窗口主要用于编写源程序。由于工具栏符号在菜单中都有表示，因此，下面简要介绍菜单的功能。

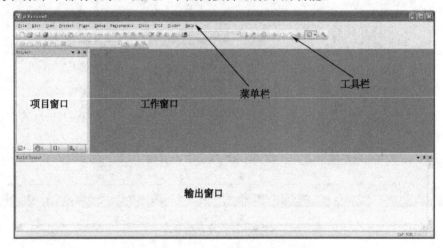

图 2.3.1　Keil　μVision4 操作界面

Keil μVision4 操作界面的最上一行是菜单命令，如图 2.3.2 所示。下面介绍各部分的功能。

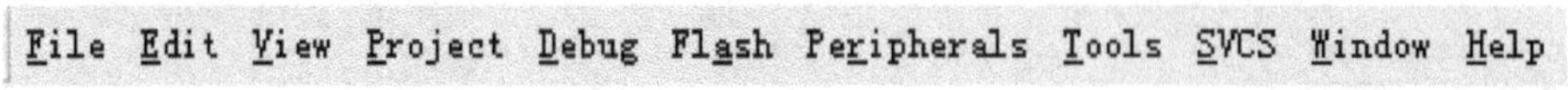

File　Edit　View　Project　Debug　Flash　Peripherals　Tools　SVCS　Window　Help

图 2.3.2　Keil 菜单

① File 菜单：主要包括产生新文件、打开一个已存在的文件、保存文件、选择目标器件、打印文件等功能。

② Edit 菜单：包括取消、恢复操作，剪切、复制、粘贴操作，查找、替换源程序中文本等操作命令。

③ View 菜单：主要包括对状态栏、系统工具栏、各类工作窗口（例如 51 特殊功能寄存器内容）的显示与关闭控制命令。

④ Project 菜单：包括工程项目文件的建立、导入、打开、关闭操作命令；包括添

加目标文件和程序文件命令、选择目标器件、目标器件的选项设置（如工作频率、输出文件格式、连接库选择、仿真编程器的选择等）命令；还包括源编译并生成可执行文件的命令。

⑤ Debug 菜单：包括程序连续运行的起停控制、执行至断点处、单步运行（单指令运行）、模块的单步运行（多指令运行）、跳出模块的单步运行、执行到光标处等程序运行控制命令；还包括程序断点的设置、取消、跟踪记录、存储器图等命令。

⑥ Flash 菜单：执行对目标器件进行程序的写入与擦除命令。

⑦ Peripherels 菜单：包括对 CPU 复位、CPU 中断、I/O 口、串口、定时器等特殊功能寄存器字节的数据状态观察和显示命令。

⑧ Tools 菜单：程序下载装置的配置命令，能够保证仿真编程装置与电脑的正确连接和通信。

⑨ SVCS 菜单：用于软件版本的控制设置

⑩ Window 菜单：主要用于选择各窗口的摆放和显示排列控制。

2. 操作流程

Keil μVision4 编程测试流程如图 2.3.3 所示。

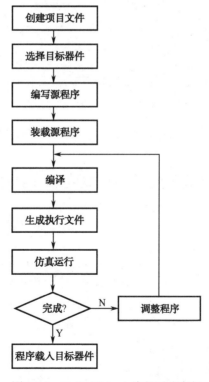

图 2.3.3　Keil μVision4 编程测试流程

2.3.3　基于 Keil C51 的单片机编程

项目：流水灯控制软件编程

编写一个流水灯控制程序，并生成可执行文件"*.hex"，在"2.2.3 基于 Proteus 的电路仿真"项目 2 中，如果调用该程序，可实现其仿真要求。

① 选择"开始"→"所有程序"→"Keil μVision4"选项，启动 Keil μVision4 软件的运行。

② 选择"Project"→"New μVision Project…"菜单命令，弹出"创建新项目"对话窗口。在窗口中选择新建项目文件的存储路径和项目文件名，确认后，弹出"选择目标器件"窗口（见图 2.3.4），即选择需要编程的目标器件对象。

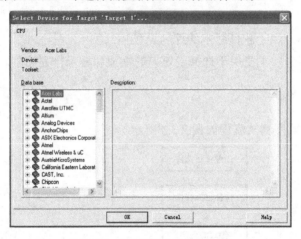

图 2.3.4　"选择目标器件"窗口

③ 在"选择目标器件"窗口中，选择"Atmel"下的 AT89C51 器件，单击"OK"按钮，如图 2.3.5 所示。

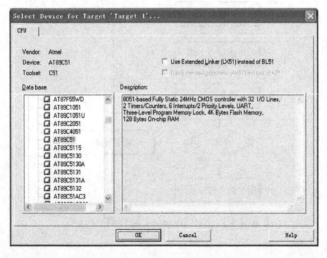

图 2.3.5　选择器件 AT89C51

④ 设置目标器件的工作选项。选择菜单"Project"→"Options For Target 'Target1'…",弹出"目标器件选项"窗口。单击窗口中的"Target"标签,在弹出的对话窗口中将"Xtal(MHz)"晶振频率栏内容改为12.0,其他选项默认,如图2.3.6所示。

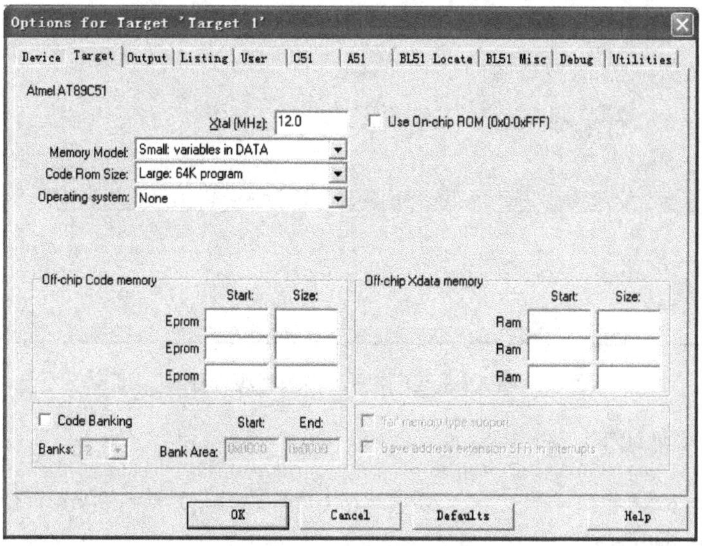

图 2.3.6 "目标器件选项"窗口

单击窗口中的"Output"标签,选择编译后生成的可执行文件类型,在弹出的对话窗口中选中"Creat HEX File"复选框,其他选项默认。单击"OK"按钮命令,确认选择,如图2.3.7所示。

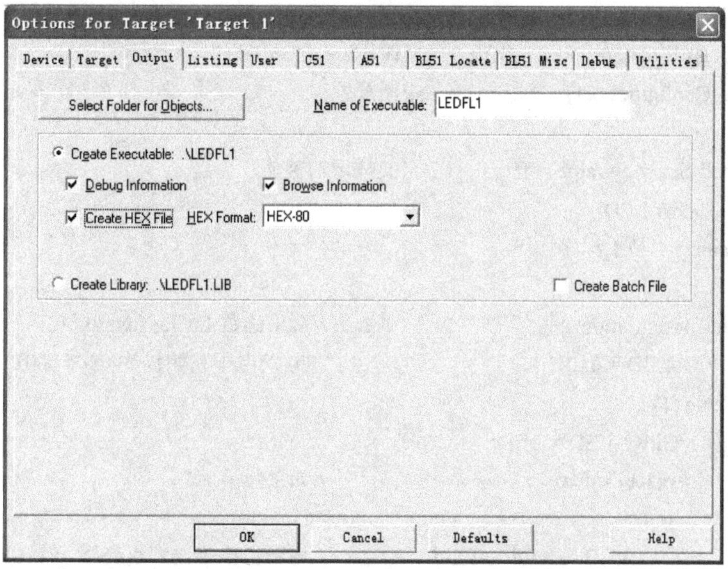

图 2.3.7 选中"Creat HEX File"复选框

⑤ 编写源程序,选择菜单"File"→"New",工作窗口显示文件名为Text1的文件编辑窗,内容完全是空的。键入C51程序语句后保存,如图2.3.8所示。

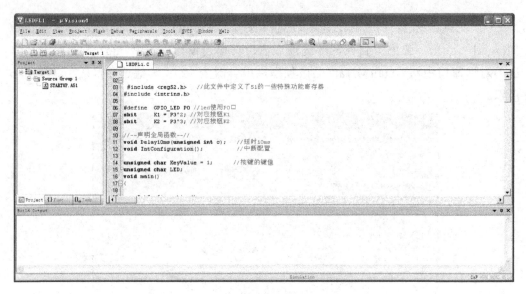

图 2.3.8　工作窗口中编写源程序

程序语句清单如下:

```
#include <reg52.h>            //此文件中定义了 51 的一些特殊功能寄存器
#include <intrins.h>

#define   GPIO_LED P0          //led 使用 P0 口
sbit      K1 = P3^2;          //定义按钮 K1
sbit      K2 = P3^3;          //定义按钮 K2

//--声明全局函数--//
void Delay10ms(unsigned int c);   //延时 10ms
void IntConfiguration();          //中断配置

unsigned char KeyValue = 1;      //定义按键的键值
unsigned char LED;
void main()      //主程序如下
{
    IntConfiguration();                    //调用函数 IntConfiguration()
    GPIO_LED = 0x01;                       //P0 口电平初始化为 0000 0001
    while (1)
    {   GPIO_LED = LED;
        if(KeyValue)                       //如果按下 K1
        {
            LED = _crol_(LED,1);           //循环左移 1 位, 点亮下一个 LED
        }
        else                               //如果按下 K2
        {
            LED = ~LED;                    // P0 口取反
```

```
            }
        Delay10ms(50);
    }
}
/*********************************************************************
*  函数名         : IntConfiguration()
*  函数功能        : 设置外部中断
*********************************************************************/
void IntConfiguration()
{
    IT0=1; //下降沿
    EX0=1; // INT0 中断允许。
    IT1=1;
    EX1=1;
    EA=1;//开中断
}
/*********************************************************************
*  函数名         : Int0()    interrupt 0  ,  Int1() interrupt 2
*  函数功能        : 外部中断 0，1 的中断函数    ，改变按键键值与 P0 口
*********************************************************************/
void Int0()    interrupt 0  //外部中断 0 服务程序
{
    Delay10ms(1);   //延时消抖
    if(K1==0)
        {
            KeyValue = 1;
            LED = 0x01;
        }
}
void Int1() interrupt 2           //外部中断 1 服务函数
{
    Delay10ms(1);            //延时消抖
    if(K2==0)
        {
            KeyValue = 0;
            LED = 0x55;
        }
}
/*********************************************************************
*  函 数 名         : Delay10ms
*  函数功能         : 延时函数，延时 10ms
*********************************************************************/
void Delay10ms(unsigned int c)
```

```
    {
        unsigned char a, b;
        for (;c>0;c--)
        {
            for (b=38;b>0;b--)
            {
                for (a=130;a>0;a--);
            }

        }
    }
```

⑥ 选择菜单"File"→"Save As"命令，默认保存路径，为文件命名，其文件扩展名为.c（本例程 C51 文件名为 LEDFL.C，也可命名为 Test.C），并保存该源程序。

⑦ 将鼠标光标放到"项目窗口"Target 下的"Source Group1"上，右击，弹出菜单，选择菜单"Add File to Group 'Source Group1' …"弹出添加文件对话窗口，选中 C 语言源文件 LEDFL.C，单击"Add"添加按钮命令键，如图 2.3.9 所示。将源程序装载到项目窗口的项目文件下。

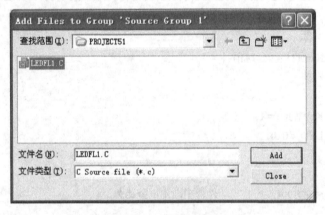

图 2.3.9　添加源文件

⑧ 链接编译程序，生成可执行文件 LEDFL.HEX。通过选择菜单"Project"→"build target"命令或工具栏中的工具命令，实现编译链接。在输出窗口中，显示编译结果，如有错误信息出现，需要对源程序进行修改，并重新进行编译操作。在图 2.3.10 中，输出窗口显示"0 错误、0 警告"表示编译链接成功。

⑨ 利用菜单命令或工具命令运行软件，对软件进行测试。可以采用单步运行、设置断点、运行至光标处等方法运行所编写的程序，根据需要，可同时打开多个观察窗口，观察存储器、寄存器、特殊功能寄存器等的运行状态。

⑩ 将生成的机器码写入微控制器中的用户程序区或独立的程序存储器中。也可以用于 Proteus 等软件的单片机仿真。

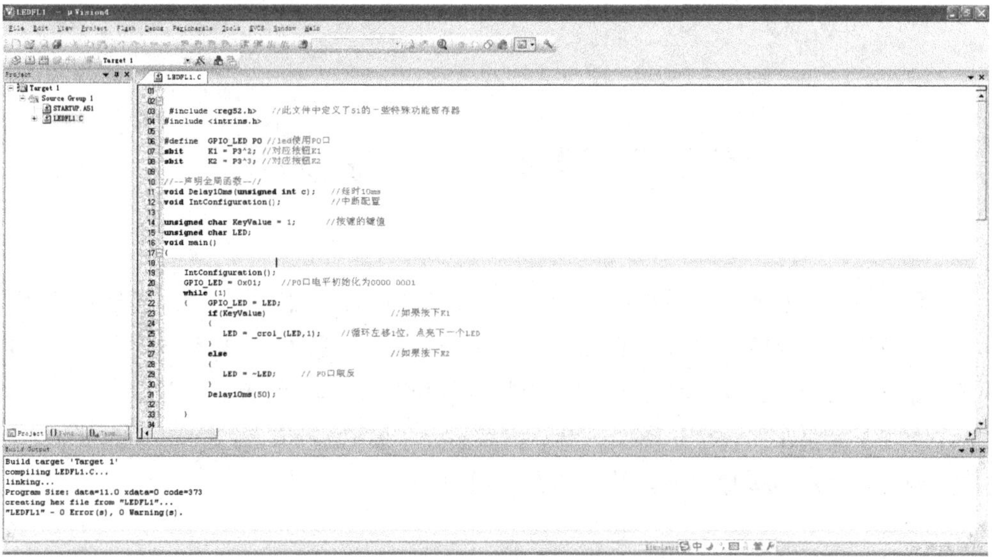
LEDFL1.C
#include <reg52.h>   //此文件中定义了51的一些特殊功能寄存器
#include <intrins.h>
#define GPIO_LED P0 //led使用P0口
sbit   K1 = P3^2; //对应按钮K1
sbit   K2 = P3^3; //对应按钮K2
//--声明全局函数--//
void Delay10ms(unsigned int c);   //延时10ms
void IntConfiguration();   //中断配置
unsigned char KeyValue = 1;   //按键的键值
unsigned char LED;
void main()
{
IntConfiguration();
GPIO_LED = 0x01;   //P0口电平初始化为0000 0001
while (1)
{   GPIO_LED = LED;
if(KeyValue)   //如果按下K1
{
LED = _crol_(LED,1);   //循环左移1位，点亮下一个LED
}
else   //如果按下K2
{
LED = ~LED;   // P0口取反
}
Delay10ms(50);
}
Build target 'Target 1'
compiling LEDFL1.C...
linking...
Program Size: data=11.0 xdata=0 code=373
creating hex file from "LEDFL1"...
"LEDFL1" - 0 Error(s), 0 Warning(s).

图 2.3.10　编译结果

第 3 章   模拟电子系统设计

本章简要介绍模拟电子系统的设计要点，给出"单管放大、音频功放和线性直流电源"三个任务，内容覆盖模拟电子系统（模拟电路）的电压放大、功率放大和小功率电源三大部分。三个任务各自具有一定的功能，可以独立工作，组合在一起又具有较大的功能，体现了模块化的设计思路。在设计拓展部分，给出了一定的提示，期望能扩展学生的知识面，加深对模拟电子系统整体的认识和了解。

3.1   模拟电子系统设计概述

3.1.1   模拟电子系统的组成

模拟电子系统又叫模拟电子装置、模拟电路等，具有产生、传输、放大和变换模拟信号的功能，如做实验用的信号源、电子交流毫伏表、电子示波器、扩音机等。尽管这些电子系统的结构或功能有所不同，但是，它们都有一个共同的特点，都是由一些具有基本功能的模拟电路单元组成的，而这些单元又可以分成四大类，即信号产生电路，信号放大电路，功率放大电路和电源变换电路。

一个典型的模拟电子系统的组成框图如图 3.1.1 所示。

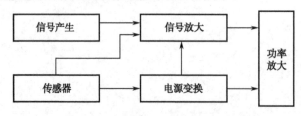

图 3.1.1   模拟电子系统的组成框图

信号产生电路——在系统的测试或应用中，需要一些按一定规律变化的电信号，如正弦波、三角波和矩形波等，这些信号也是电路产生的，产生这些信号的电路就是信号产生电路，它们一般工作在自激振荡状态，同时还需要电感、电容等能够储能的器件。

信号放大电路——信号放大电路也称为电压放大电路，其功能是实现信号的放大、处理、传送和变换等，该类电路的核心就是将微弱的电信号变成有一定大小的电信号，其输入一般来自传感器或信号源，输出端则与功率放大电路相连。

功率放大电路——功率放大电路也称为驱动电路,其功能就是对要输出的电信号进行电流放大,以便这些信号可以使扬声器、继电器、电动机等负载工作,将电信号变换成其他形式的能量,如声能、机械能等,以实现人们所期望的结果。功率放大电路的输入端一般与信号放大电路相连,输出端则与扬声器、电动机等负载连接。

电源变换电路——电源变换电路的功能就是将市电所提供的交流电转变成电子器件工作所需要的直流电,以便其他部分的电路能够工作,有时还需要将直流电逆变成交流电。

因此,模拟电子系统设计的主要内容为:

- 模拟信号的检测、变换及放大电路;
- 波形的产生、变换及驱动电路;
- 模拟信号运算电路;
- 直流稳压电源电路;
- 整流和逆变电路等。

3.1.2　模拟电子系统的设计

1. 设计要点

任务复杂的模拟电路,可以分解成若干具有基本功能的电路,如放大器、振荡器、整流滤波稳压器,及各种波形变换器电路等,然后分别对这些单元电路进行设计,使一个复杂任务变成简单任务,利用学过的知识即可完成,对于各个单元电路,在设计时必须根据其特点,采取不同的处理方法。

对于信号放大电路的设计,除关心放大倍数(增益)外,还要注意其频率特性,即放大倍数与要放大的信号频率之间的关系,也要注意其输入、输出电阻以及非线性失真等指标。在各种基本功能的电路中,放大器的应用最普遍,也是最基本的电路形式,所以掌握放大器的设计方法是模拟电路设计的基础。由于单级放大器性能往往不能满足实际需要,因此在许多模拟系统中,需要采用多级放大电路,多级放大电路之间的耦合方式也是影响其性能的重要因素。

对于功率放大电路的设计则要注意放大器件的安全问题。在功率放大电路中,放大器件一般工作在高电压、大电流的环境下,在器件选择与器件散热方面必须重视,以保障放大器件的长期稳定工作。

对于电源变换电路,其中整流管、调整管、逆变器件等在参数选择与散热方面也需要留有足够的余量,以保证电路正常工作。

对于信号产生电路,则需要注意所选用的电感、电容器件的材质与性能。

2. 所用器件

模拟电路设计常用的器件主要有两类,即三极管和运算放大器,它们是模拟电子系统设计的主要器件。

随着电子器件生产与工艺水平的提高,线性集成电路和各种具有专用功能的新型元器件迅速发展起来,如三端集成稳压电源,音频集成功放器件,各种放大倍数的集成放大器等,给电路设计工作带来了很大的变革,部分电子系统可以由这些集成电路直接组装而成,因此设计者也必须熟悉各种集成电路的性能和指标,注意选用新型器件,完成系统设计。

由于分立元件的电路目前还在大量使用,而且分立元件的设计方法比较容易为初学设计者所掌握,有助于学生熟悉各种电子器件,以及电子电路设计的基本程序和方法,学会布线、焊接、组装、调试电路的基本技能。

本章首先选择分立元件模拟电路的设计,帮助学生逐步掌握电路的设计方法,然后重点介绍集成运算放大器应用电路和集成稳压电源的设计。

3.2　双极型单管放大电路设计

3.2.1　设计要求

设计一个三极管(9013H)放大电路,输入峰值为 12mV 正弦信号,输出峰值为 400mV,带宽为 200Hz～100kHz,负载电阻为 3kΩ。

3.2.2　设计要点

实际应用中,经常需要将一些微弱信号进行不失真放大,以满足测量、功率输出前级放大等需要。虽然目前比较常用的信号放大电路是集成运放电路,但是三极管放大电路仍然是模拟电路设计中重要的基础内容。三极管单管放大电路的设计要点是选择合适的静态工作点,满足信号放大的要求并保证输出信号的不失真。温度的升高会导致三极管静态电流变化,使静态工作点漂移,减小温度对静态工作点的影响,也是三极管单管放大电路需要考虑的重要因素之一。

3.2.3　方案论证

三极管放大电路有共射级、共集电极、共基极三种基本组态,都可以对小信号进行放大,由于三种组态中信号的输入和输出位置不同,其电压放大倍数、电流放大倍数、输入阻抗、输出阻抗不同,三种放大电路在电路中适用的场合也有所不同。

方案 1:三极管共射级固定偏置放大电路

利用共射级固定偏置放大电路实现小信号放大的电路如图 3.2.1 所示。

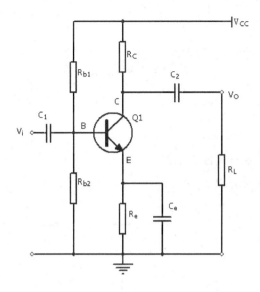

图 3.2.1 共射极放大电路

1. 静态工作点计算

$$V_{BQ} \approx \frac{R_{b2}}{R_{b2} + R_{b1}} \times V_{CC} \qquad (3.2.1)$$

$$I_{EQ} = \frac{V_{BQ} - V_{BE}}{R_e} \qquad (3.2.2)$$

$$I_{CQ} = \overline{\beta} \times I_{BQ} = \frac{\overline{\beta}}{1 + \overline{\beta}} I_{EQ} \qquad (3.2.3)$$

$$V_{CEQ} = V_{CC} - I_{CQ}R_C - I_{EQ}R_e \qquad (3.2.4)$$

其中，$\overline{\beta}$ 为直流电流放大系数，通常计算时将直流电流放大系统 $\overline{\beta}$ 与交流电流放大系数 β 视为等同。

2. 电压放大倍数计算

$$A_V = \frac{V_O}{V_I} = -\beta \frac{R_C /\!/ R_L}{r_{be}} \qquad (3.2.5)$$

$$r_{be} = 300 + (1 + \beta)\frac{26\text{mV}}{I_{EQ}} \qquad (3.2.6)$$

其中电压放大倍数表达式中的负号表示输入与输出信号相位相反，$R_C /\!/ R_L$ 表示这两个电阻的并联值。

3. 电流放大倍数计算

$$A_i = \beta$$

4. 输入电阻

$$r_i = R_{b1} \mathbin{/\!/} R_{b2} \mathbin{/\!/} r_{be} \qquad\qquad (3.2.7)$$

5. 输出电阻

$$r_o = R_c \qquad\qquad (3.2.8)$$

方案 2：三极管共集电极放大电路

共集电极放大电路如图 3.2.2 所示。

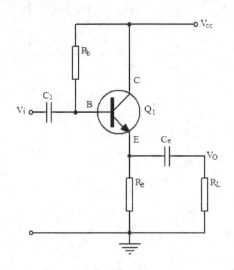

图 3.2.2 共集电极放大电路

1. 静态工作点计算

$$I_{BQ} = \frac{V_{CC} - V_{BE}}{R_b + (1 + \overline{\beta})R_e}$$

$$I_{EQ} = (1 + \overline{\beta}) \times I_{BQ}$$

$$V_{CEQ} = V_{CC} - I_{EQ}R_e$$

2. 电压放大倍数计算

$$A_V = \frac{V_O}{V_I} = (1 + \beta)\frac{R_e \mathbin{/\!/} R_L}{r_{be} + (1 + \beta)(R_e \mathbin{/\!/} R_L)} \qquad\qquad (3.2.9)$$

$$r_{be} = 300 + (1 + \beta)\frac{26\text{mV}}{I_{EQ}}$$

3. 电流放大倍数计算

$$A_i = 1 + \beta$$

4．输入电阻

$$r_{\mathrm{i}} = R_{\mathrm{b}} \mathbin{/\!/} \left[r_{\mathrm{be}} + (1+\beta)(R_{\mathrm{e}} \mathbin{/\!/} R_{\mathrm{L}}) \right] \qquad (3.2.10)$$

5．输出电阻

$$r_{\mathrm{o}} = R_{\mathrm{e}} \mathbin{/\!/} \frac{R_{\mathrm{b}} + r_{\mathrm{be}}}{1+\beta} \qquad (3.2.11)$$

方案 3：三极管共基极放大电路

共基极放大电路如图 3.2.3 所示。

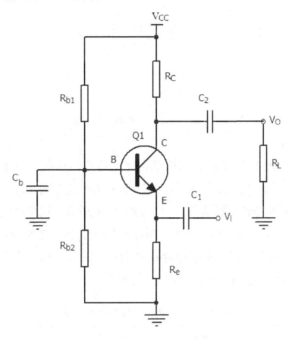

图 3.2.3　共基极放大电路

1．静态工作点计算

$$V_{\mathrm{BQ}} \approx \frac{R_{\mathrm{b2}}}{R_{\mathrm{b2}} + R_{\mathrm{b}}1} \times V_{\mathrm{CC}}$$

$$I_{\mathrm{EQ}} = \frac{V_{\mathrm{BQ}} - V_{\mathrm{BE}}}{R_{\mathrm{e}}}$$

$$I_{\mathrm{CQ}} = \overline{\beta} \times I_{\mathrm{BQ}} = \frac{\overline{\beta}}{1+\overline{\beta}} I_{\mathrm{EQ}}$$

$$V_{\mathrm{CEQ}} = V_{\mathrm{CC}} - I_{\mathrm{CQ}} R_{\mathrm{C}} - I_{\mathrm{EQ}} R_{\mathrm{e}}$$

2.电压放大倍数计算

$$A_V = \frac{V_O}{V_I} = \beta \frac{R_C /\!/ R_L}{r_{be}}$$（3.2.12）

3.电流放大倍数计算

$$A_i = \frac{\beta}{1+\beta}$$

4.输入电阻

$$r_i = R_e /\!/ \frac{r_{be}}{1+\beta}$$（3.2.13）

5.输出电阻

$$r_o = R_c$$（3.2.14）

方案点评：

参考表 3.2.1，分析比较上述三种电路组态的特点，在共基极电路中，电压放大倍数较大，输入阻抗很小，共基极电路输入阻抗低于共射级电路，该电路比较适合高频宽带放大。共集电极电路的输入阻抗在三种组态电路中最高，输出阻抗最低，但电压放大倍数小于 1（近似为 1），适用于多级放大电路中输入、输出的隔离级。根据设计要求，如果采用单管放大，相比之下共射级电路比较合适，其电压增益较大，输入阻抗介于三种组态电路中间，输出阻抗中偏高，基本满足要求。

表 3.2.1 三种基本放大电路比较

电路形式	电压增益	电流增益	输入电阻	输出电阻	适用场合
共射级电路	>1	>1	中	中偏高	电压放大
共集级电路	≤1	>1	高	低	输入、输出隔离
共基级电路	>1	≤1	低	中偏高	宽带放大

3.2.4 方案设计

任务 1：确定电路形式

采用阻容耦合方式共射级放大电路形式，使工作点不受前、后级电路的影响。电路形式如图 3.2.1 所示，其中基极电压采用固定偏置电路，稳定基极电压；发射极引入电流负反馈电阻 R_e，可以达到稳定直流工作电流 I_{CQ}，减小温度对静态电流的影响，稳定工作点的作用。并联在其两端的旁路电容 C_e，使射级电阻交流短路，消除 R_e 对电压放大倍数的影响。

三极管的选取原则：①选取三极管时应考虑电流放大系数 β 应满足设计要求；②集电极-基极反向饱和电流 I_{CB0}、集电极-发射极穿透电流 I_{CE0} 越小越好；③集电极最大允许电流 I_{CM} 应大于实际工作电流 I_C；④集电极最大允许功耗 P_{CM}>实际功耗 $U_{CE}I_C$；⑤集电极-发射极反向击穿电压 BU_{CE0} 大于电源电压 V_{CC}；⑤实际带宽增益积 F_HA_V<共射极截止频率 f_β（即特征频率除以 β，f_T/β），由于设计要求中已经指定了三极管型号为 9013，因此只需要考虑工作电流和电源电压不要超过几个极限参数，其部分极限参数和特性参数分别列于表 3.2.2 和表 3.2.3 中。

表 3.2.2　9013H 极限参数

参　　数	符　　号	数　　值	单　　位
集电极-基极电压	V_{CB0}	40	V
集电极-发射极电压	V_{CE0}	30	V
集电极电流	I_C	500	mA
最大功耗	P_{CM}	625	mW

表 3.2.3　9013H 特性参数

参数	符号	最小值	最大值	单位
直流电流放大系数（H）	h_{FE}	177	250	-
增益带宽积（特征频率）	f_T	100	-	MHz

任务 2：确定静态工作点

9013H 特性曲线如图 3.2.4 所示，为了保证不失真地对输入信号进行放大，必须选择合适的静态工作点。如果静态工作点 Q 的基极电流 I_B 过大或 V_{CE} 过小，容易产生饱和失真；基极电流 I_B 过小或 V_{CE} 过大，容易产生截止失真。即使所选择的静态工作点可以满足不失真放大的要求，若选取的工作点过高，也会在没有信号输入的情况下产生较大的静态功耗。所以选择小信号放大电路的静态工作点时，应在满足不失真放大的前提下，选取不太高的静态工作点，以降低电源的静态功耗。参考图 3.2.5，本课题选取的工作点 Q 处的基极电流 I_{BQ}=15μA、I_{CQ}=2.5mA、V_{CEQ}=3V。

在工作点处的直流电流放大系数为

$$\overline{\beta} = \frac{I_{CQ} - I_{CE0}}{I_{BQ}} \approx \frac{I_{CQ}}{I_{BQ}} = \frac{2.5\text{mA}}{15\text{μA}} \approx 167 \text{（手册最小值为 177）}$$

在工作点处的交流电流放大系数为

$$\beta = \frac{\Delta I_{CQ}}{\Delta I_{BQ}} = \frac{(3.35 - 2.5)\text{mA}}{(20 - 15)\text{μA}} = 170$$

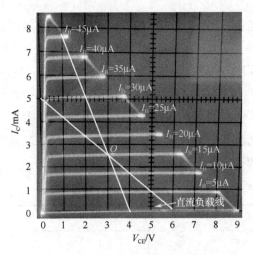

图 3.2.4　9013H 输出特性曲线

工作点处的交流电流放大系数与直流电流放大系数相接近，对于小信号放大的情况下，可以认为两者相同。

任务 3：电路参数计算

1. 估算 r_{be}

由于选取了静态工作点处的基极电流 $I_{BQ}=15\mu A$，直流电流放大系数为 167，根据式（3.2.3）求得

$$I_{EQ} = (1+\bar{\beta})\, I_{BQ} = (1+167)\times 0.015 = 2.52(mA)$$

特性曲线上 Q 点处的 I_{CQ} 为 $2.5\,mA$，理论计算值为

$$I_{CQ} = \beta I_{BQ} = 167\times 0.015 \approx 2.5(mA)$$

在单管放大电路计算时，常常认为 I_{CQ} 与 I_{EQ} 近似相等，根据式（3.2.6），计算 r_{be} 值：

$$r_{be} = 300 + (1+\beta)\frac{26mV}{I_{EQ}}(\Omega) = 300 + (1+167)\frac{26}{2.52} \approx 2000\Omega$$

2. 确定 R_C

设计要求输入幅度（峰值）为 12mV，输出峰值为 400mV，负载电阻为 3kΩ。根据公式（3.2.5）得

$$A_V = \frac{-\beta(R_C \,/\!/\, R_L)}{r_{be}} = -\frac{400mV}{12mV}$$

$$R_C \,/\!/\, R_L = \frac{400 r_{be}}{12\beta} = \frac{400\times 2000}{12\times 167} = 399.2(\Omega)$$

$$R_C = \frac{399.2 R_L}{R_L - 399.2} = \frac{399.2\times 3000}{3000 - 399.2} = 460.5(\Omega)$$

实际取值为 470Ω。

3. 确定 R_e

在静态工作点处，$I_{BQ}=15\mu A$，$V_{CEQ}=3V$，为了保证三极管处于放大区，发射结应正偏，集电结应反偏，取 $V_{BQ}=2.2\ V$，则

$$V_{BQ} = V_{BE} + I_{EQ}R_e$$

$$R_e = \frac{V_{BQ} - V_{BE}}{I_{EQ}} = \frac{V_{BQ} - V_{BE}}{I_{EQ}} = \frac{2.2 - 0.7}{2.52mA} \approx 595.2(\Omega)$$

实际取值为 560Ω。

4. 确定 V_{CC}

$$V_{CC} = V_{CEQ} + I_{EQ}R_e + I_{CQ}R_C \approx 3 + 2.52 \times 0.56 + 2.5 \times 0.47 \approx 5.6(V)$$

实际取值为 6V。

5. 确定 R_{b2}、R_{b1}

对于固定偏置电路，当 $I_{b2} \gg I_{BQ}$ 时，公式（3.2.1）成立。取 $I_{b2}=10I_{BQ}=150\mu A$，则

$$R_{b2} = \frac{V_{BQ}}{10I_{BQ}} = \frac{V_{BE} + I_{EQ}(R_{e1} + R_{e2})}{I_{b2}} = \frac{0.7 + 2.5 \times (0.01 + 0.56)}{150\mu A} = 14.2(k\Omega)$$

实际取值为 15kΩ。

$$R_{b1} \approx \frac{R_{b2}(V_{CC} - V_{BQ})}{V_{BQ}} = \frac{15 \times (6 - 2.2)}{2.2} = 25.9(k\Omega)$$

实际取值为 25kΩ。

6. 输入电阻的计算

$$r_i = R_{b1} /\!/ R_{b2} /\!/ r_{be} = 25k\Omega /\!/ 15k\Omega /\!/ 2k\Omega \approx 1.65k\Omega$$

7. 输出电阻的计算

$$r_o \approx R_C = 470(\Omega)$$

8. 确定 C_1、C_2

影响图 3.2.1 低频截止频率 200Hz 的主要元件是：①C_1、电路的输入电阻 r_i、信号源的输出电阻 r_x 所构成的回路；②C_2、放大电路的输出电阻 r_o、负载电阻 R_L 所构成的回路；③C_e、R_e 所构成的回路。当给定低频截止频率时，可通过以下计算公式估算电容 C_1、C_2、C_e 的容量。

① C_1 估算

$$\frac{1}{2\pi(r_i + r_x)C_1} < 200(Hz)$$

信号源输出电阻很小，若忽略 r_x 阻值，则

$$C_1 > \frac{1}{200 \times 2\pi(r_i + r_x)} = \frac{1}{200 \times 2\pi \times (1650)} = 0.48(\mu F)$$

实际取值为1μF，从计算结果看，如果保持耦合电容 C_1 的值不变，提高电路的输入阻抗，可以降低低频截止频率。

② C_2 估算

$$\frac{1}{2\pi (r_0 + R_L) C_2} < 200(Hz)$$

$$C_2 > \frac{1}{200 \times 2\pi(r_0 + R_L)} = \frac{1}{200 \times 2\pi \times (360 + 3000)} = 0.24(\mu F)$$

实际取值为1μF。

9. 确定 C_e

在图 3.2.1 中，旁路电容 C_e 在中频、高频段容抗小，视为短路，在低频段，其容抗不可忽视，所产生的转折频率分别为

$$f_A = \frac{1}{2\pi \tau_A}$$

$$\tau_A = \left(\frac{R_{b1} /\!/ R_{b2} /\!/ R_s + r_{be}}{1 + \beta} /\!/ R_e \right) \times C_e$$

其中，R_s 为信号源内阻。如果不知信号源内阻，可以利用下式估算旁路电容的容量：

$$\tau_A \approx \left(\frac{r_{be}}{1 + \beta} /\!/ R_e \right) \times C_e$$

对 C_e 的估算为

$$\frac{1}{2\pi \tau_A} < 200(Hz) \tag{3.2.15}$$

$$\tau_A \approx \left(\frac{r_{be}}{1 + \beta} /\!/ R_e \right) \times C_e = \left(\frac{2000}{1 + 167} /\!/ 560 \right) \times C_e = 11.66 C_e$$

带入式（3.2.15），计算旁路电容 C_e 为

$$C_e > \frac{1}{2\pi \times 11.66 \times 200} = 68(\mu F)$$

实际取 100μF。

10. 估算高频截至频率 f_H

高频截止频率 f_H 是随输入信号频率的升高，使中频电压增益下降0.707倍时的频率，设计要求为100kHz，可利用下式估算：

$$f_H = \frac{f_T}{\beta} = \frac{100(MHz)}{167} = 598.8(kHz) > 100(kHz)$$

3.2.5　安装调试

按照计算出来的参数选取元件，以三极管为中心摆放元件位置，将信号输入、输出

端口分开放置（例如左进右出），保持接地点集中布设到电源公共接地端，避免一根接地线在电路板中串来串去，随意连接。焊接好电路后，再进行调试。由于实际测量结果与计算结果未必完全一致，可以通过调整电路中各元件参数实现设计要求，为了避免元件参数变化所产生的相互影响，在焊接元件时，只将电阻 R_C 和 R_{b2} 用多圈电位器 3296 代替，而电路中的其他电阻仍用固定电阻连接，调整好电路后，可以再用固定电阻替换可变电阻 R_C 和 R_{b2}。调节 R_C 可以适当改变电压放大倍数，调节 R_{b2} 可以调整静态工作点。焊接时应避免电源短路，避免元件引脚的漏焊、错焊等现象出现。调试电路前，必须检查连线无电源短路现象，才可以接通电源。

1. 静态工作点测量

接通电源，信号输入电压为 0，用万用表直流电压档测量三极管的基极电压 V_{BQ}，调节 R_{b2}，使基极电压为 2.2V；测量三极管发射极直流电压 V_{EQ} 和集电极-发射极电压 V_{CEQ}，计算出 I_{EQ} 值即可，与理论计算值比较。

2. 电压放大倍数调整

测量电路如图 3.2.5 所示，信号源输出幅度（峰值）为 12mV，频率为 2kHz 的正弦波，用双踪示波器观测输入、输出波形，可调节 R_C 值，观察输出波形变化，使电压放大倍数满足增益要求，并且保证在满足增益要求的前提下，输出波形不失真。也可用毫伏表测量放大电路的电压增益，但必须保证输出波形为正弦波，无失真。

图 3.2.5 "电压放大倍数调整"测量电路

完成上一步电压放大倍数调整后，不改变电路中的任何元件参数，慢慢增加信号源幅度，可以观察放大电路输出波形变化，当出现波形失真时，测最大不失真输出电压值。同时也可以观察到电路是发生了截止失真还是饱和失真。

3. 通频带测量

可以使用扫频仪，对电路通频带测量。也可以使用信号源、示波器或低频毫伏表进通频带测量。方法为：保持输入信号幅度为 10mV 不变，分别改变输入信号频率，逐点测量放大电路输出幅度，记录不同频率下的电压增益，画幅频特性曲线，在幅频特性曲线上找到上限和下限截止频率点（电压增益下降 0.707 倍处，即-3dB 处），从而得到通频带值，并与设计要求对比。

4. 输入电阻测量

输入电阻测量电路如图 3.2.6 所示，用毫伏表或者示波器分别测量 V_i 及 V_{is}，计算 r_i 的公式为

$$\frac{V_i - V_{is}}{R} = \frac{V_i}{r_i}$$

$$r_i = \frac{V_i - V_{is}}{V_i} \times R$$

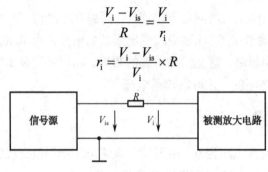

图 3.2.6　输入电阻测量电路

5. 输出电阻测量

测量输出电阻 r_o 的方法为：①输入正弦波信号，保持幅度、频率固定不变；②断开负载电阻 R_L，测量放大器输出电压 V_{OK}；③接入负载电阻 R_L，测量放大器输出电压 V_O。

$$r_o = \left(\frac{V_{OK}}{V_O} - 1 \right) R_L$$

6. 参考测量数据

实测数据如表 3.2.4 所示。

表 3.2.4　实测数据

被 测 内 容	计 算 值	实 测 值
V_{BQ}	2.13V	2.11V
V_{CEQ}	3.00V	3.32V
V_{EQ}	1.41V	1.46V
电压增益 A_V	33.9 倍	34 倍

低频截止频率 f_L 和高频截止频率 f_H 的设计目标分别为 200Hz、100kHz，实际测量值为 220Hz 及 400kHz。

3.2.6　设计拓展

1. 设计一个三极管放大电路，输入峰值为 15mV 正弦信号，输出峰值为 2V，带宽为 100Hz～200kHz，负载为 5kΩ。三极管型号自定。

2. 三极管放大电路包含共射级、共基极、共集电极三种组态，放大信号时，可采

用一种组态电路、多级放大的形式实现，也可采用不同组态、多级放大的电路设计方式。如果要求放大器输入阻抗大于 20kΩ，其他要求与 1.的设计要求一致，实现电路设计。

3．若用场效应管来完成这个设计任务，应该怎么做？

4．如果选用运算放大器来完成这个任务，应该怎么进行？

5．有没有其他的放大器件可以满足设计要求？可否给出几个可以满足要求的器件型号？

6．什么是放大器的频率特性？怎样理解放大器的通频带与被放大信号的频率范围之间的关系？

7．放大器的输入阻抗一般有什么要求？应该怎么保证？它对信号源有什么影响？

8．放大器的输出阻抗一般有什么要求？它与负载之间是什么关系？

9．引起放大失真的原因有哪些？实验中应怎么调整？

3.3 音频功率放大电路设计

3.3.1 设计要求

设计一个音响放大电路，对话筒与放音机的输出信号进行扩音。设计要求：

（1）放大器正弦输入幅度为 5mV～200mV，负载 8Ω；

（2）额定输出功率 P_O=10W；

（3）带宽 BW≥（50Hz～20kHz）；

（4）在带宽及输出功率范围内，非线性失真系数<3%；

（5）音调控制要求：1kHz 处增益为 0dB，100Hz 与 10kHz 处有±12dB 的调节范围，低音频率与高音频率的增益≥20dB。

3.3.2 设计要点

放大器一般由输入级、中间级、输出级组成，是日常生活、工业生产设备、医疗电子、国防军工等方面常用的电路，音响放大是扩音设备电路，输出级是功率放大，属于大信号放大工作情况，通常采用图解法分析设计电路。大信号工作下的三极管电路容易产生非线性失真，减小非线性失真是设计要点之一。由于功率放大级的输出功率大，在将直流电源的能量转换成交流能量的过程中，需要采用高转换效率的电路实现最大不失真的功率输出，所以输出功率与效率也是功率放大级要考虑的内容。对于高级音响设备而言，还会有一些较高的性能指标要求，也是设计中需要考虑的重点内容。

3.3.3 方案论证

方案 1：音响放大电路 1

一个完整的音响放大器电路包括话筒放大电路、电子混响电路、混合前置放大电路、音调控制电路、功率放大电路几个部分。其框图如图 3.3.1 所示，各部分电路的功能分别为：

① 话筒：可将声音转换为微弱的电信号，信号幅度在 1mV～20mV 之间。

② 话筒放大电路：放大微弱电信号。

③ 电子混响电路：用电子电路模拟声音的反射，通过延时电路，将音频信号延迟一段时间后（5.12～51.2ms）播放，产生混响效果。可以采用数字延时方法实现，将音频模拟信号经过滤波、AD 转换成数字信号，再将数字信号存储，延迟一段时间再经DA 转换、滤波后，还原成音频模拟信号。

④ 混合前置放大电路：将放音机的输出信号和电子混响电路的信号叠加在一起并进行放大。

⑤ 音调控制电路：对音频信号中若干个频段点分别进行提升和衰减，一般保持中心频率（1kHz）增益不变，只对高、低频率信号的增益进行调节，相当于调节高、低音响效果，美化音色。

⑥ 功率放大电路：给负载提供足够的不失真输出功率，满足输出要求。

⑦ 线路输出：线路输出指唱机、手机、计算机等具有音频信号输出端口的输出信号，线路输出的信号幅度可大于 100mV。

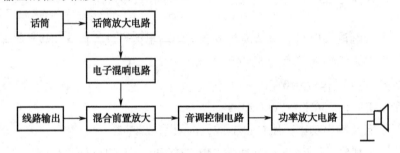

图 3.3.1　音响放大电路 1 框图

方案 2：音响放大电路 2

简化的音响放大电路如图 3.3.2 所示，在方案 1 的基础上，去掉电子混响电路，简化设计，其他模块的功能与图 3.3.1 中相应模块的功能一致。

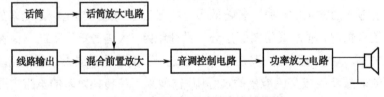

图 3.3.2　简化的音响放大电路框图

方案点评：

方案 1 功能完整，音质要求高，音响效果比方案 2 好，电路较为复杂；方案 2 功能弱，电路简单，音质稍差，能满足一般要求，比较容易实现。综合考虑上述要求，在满足设计要求的前提下，采用简化音响放大电路设计方案。

3.3.4 方案设计

任务 1：功率放大电路

1. 功率放大器特点

功率放大器的作用是给负载提供所需的输出功率，应具有以下 3 个主要特点。

① 输出功率足够大

输入正弦波信号，经功率放大后，在负载 R_L 两端的电压有效值为 U_O、流过负载的电流有效值为 I_O，则输出功率表达式为

$$P_O = I_O U_O \qquad (3.3.1)$$

如果用负载两端电压、电流的峰值表示输出功率，则

$$P_O = \frac{1}{2} I_{Om} U_{Om} \qquad (3.3.2)$$

也可以写成：

$$P_O = \frac{U_{Om}^2}{2R_L} \qquad (3.3.3)$$

② 效率要高

如果功放的输出功率为 P_O、电源向电路提供的功率为 P_E，则转换效率的定义为

$$\eta = \frac{P_O}{P_E} \qquad (3.3.4)$$

③ 非线性失真要小

为了保证输出功率，功率放大电路工作在大信号状态下，容易产生非线性失真，功率输出信号中含有谐波分量。谐波总量与基波成分之比，就是非线性失真系数，用 γ 表示，可以用失真度仪测量非线性失真。

2. 功率放大器的分类

按放大信号的频率，可分为低频功率放大和高频功率放大电路。按照三极管导通情况可分为甲类、乙类、甲乙类和丙类四种。甲类放大器在输入信号的整个周期内，三极管都在导通状态，即使没有信号输入，三极管也有一定的静态电流流过，因此转换效率低。乙类放大电路在输入信号的整个周期内，三极管仅在半个周期内有电流流过，一个周期内两个三极管轮流导通，保证负载上获得完整波形。在没有信号输入时，功放管静态电流几乎为 0，转换效率比甲类放大高。在三极管由截止转换为导通时，存在死区门限电压，输入信号小于此电压，三极管不导通。因此在两个三极管交替导通转换时，容易产生交越失真，引入甲乙类放大电路，可以有效克服交越失真。甲乙类功率放大电路在输入信号的整个周期内，三极管导通时间大于半个周期、小于一个周期，最大转换效率为 78%。丙类放大电路三极管导通时间小于输入信号的半个周期，转换效率更高。

3. 互补对称电路原理

双电源互补对称电路如图 3.3.3 所示。其中三极管 Q_1、Q_2 分别是 NPN 和 PNP 管，应具有良好的对称特性。正、负电源对称，绝对值相等。假设两个三极管的门限电压都为零，即只要三极管发射结正偏，三极管会立即导通。在上述情况下，双电源互补对称电路工作过程如下：如果输入信号为 0，两个三极管截止；在输入正弦信号的正半周，Q_1 导通、Q_2 截止；在输入正弦信号的负半周，Q_1 截止、Q_2 导通。输入正弦信号的一个周期内，负载两端能够得到一个完整的波形。由于电路中的两个三极管特性对称、电路对称、工作互补，因此该电路称为互补对称功率放大电路。

该电路的输出功率为

$$P_O = \frac{(V_{DD} - U_{ces})^2}{2R_L} \tag{3.3.5}$$

一般功放管饱和导通压降 U_{ces} 为 2～3V，如果忽略三极管工作时 c、e 间饱和导通压降 U_{ces}，则最大输出功率估算为

$$P_{om} = \frac{V_{DD}^2}{2R_L} \tag{3.3.6}$$

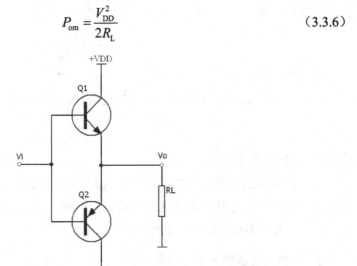

图 3.3.3　互补对称电路

该电路的最大转换效率为 78.5%，选用功放管的原则是：三极管最大功耗 $P_{cm} \geq 0.2P_{om}$，　$BU_{CE0} \geq 2V_{DD}$，最大集电极电流 $I_{cm} \geq I_{om}$。

改进型电路如图 3.3.4 所示，其中 R_1、R_2、R_3、D_1、D_2 的接入，是为了克服交越失真，让两个功放三极管处于微导通状态。由于功放管工作电流大，电流放大系数不高，为了能够有足够的驱动电流驱动功放管，通常采用复合管工作方式，从而引入电路形式的多样化。

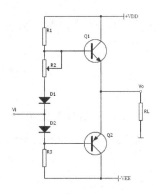

图 3.3.4　克服交越失真的互补对称电路

4．集成功放电路

目前集成功放电路已经逐步取代了三极管分立元件构成的音频功率放大电路，使得电路调试更容易实现，又保证了良好的工作性能。在 LM1876、LM3886、TA2022、TA7240、STK4392、TDA2030、TDA7294 等众多的集成功率放大器中，TDA2030 就是一款比较通用的集成功放电路。该集成功放电路属甲乙类（AB 类）功放，最大工作电压±22V，在±16V/4Ω 负载、输出功率 18W 的情况下，失真仅为 0.5%。该集成功放电路具有外接元件少、输出电流大、低谐波分量、低失真输出、引脚短路保护等特点，其典型应用电路如图 3.3.5 所示。

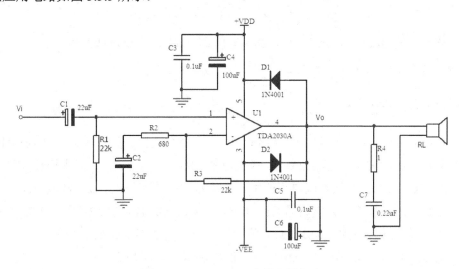

图 3.3.5　TDA2030A 典型应用电路

该电路电压增益可近似表示为

$$A_V = \frac{V_O}{V_i} = \left(1 + \frac{R_3}{R_2}\right) = 1 + \frac{22000}{680} = 33.35(倍) \tag{3.3.7}$$

电路中各元件的作用是：R_3、R_2 可调整闭环增益；R_1 是功放集成电路同相端偏置电阻，决定了功放级输入阻抗；R_4 起频率稳定作用，防止感性负载引起的自激；C_1 是交流耦合电容，C_1 变小，则低频截止频率升高；C_2 是运放的反相直流退耦电容，会影响低频截止频率；C_7 起频率稳定作用，防止自激，会影响功放级频带，容量变小，频带增宽；C_3、C_4、C_5、C_6 是电源退耦电容。

5. 相关计算

本任务采取从后向前的设计思路，从功率放大级入手，逐级向前设计电路，因为工作电压的高低会直接影响输出功率的大小，输出功率的大小又可以决定整机的增益要求。

① 根据输出功率估算电源电压的取值

由负载为 8Ω，输出功率 10W 的要求，并根据公式（3.3.5）计算出电源电压值。通常功率三极管工作时，c、e 间的饱和导通压降 U_{ces} 为 2~3V，取 3V，则电源电压 V_{DD} 为

$$V_{DD} = \sqrt{2R_L P_O} + 3 = \sqrt{2 \times 8 \times 10} + 3 = 15.6(V)$$

实际电源取值为 ±18V（最好接近估算值 15.6，如果超过太多，会降低整机效率）。注意为了获得大的输出功率，除了电源取值较大外，还需要加散热片，否则输出功率达不到，还会损坏功放元件。

② 根据功放的输出功率确定各部分电路级数及各级增益

设计中要求 5mV ~200mV 音频输入，负载为 8Ω，输出功率为 10W，根据公式（3.3.3），输出 10W 时，负载两端电压峰值 U_{om} 为

$$U_{om} = \sqrt{2R_L P_O} = \sqrt{2 \times 8 \times 10} = 12.6(V)$$

一般话筒输出幅度为 5mV，放音线路输出 ≥100mV，则整机增益为

对于话筒信号：$A_V = \dfrac{U_{om}}{5mV} = \dfrac{12.6 \times 10^3}{5} = 2520(倍)$，约 68dB。

对于放音线路输出信号：$A_V = \dfrac{U_{om}}{100mV} = \dfrac{12.6 \times 10^3}{100} = 126(倍)$，约 42dB。

本任务需要设计的电路包含了话筒放大、混合前置放大、音调控制、功率放大四部分。其中功率放大级采用 TDA2030A 集成功放电路（见图 3.3.5），其电压放大倍数为 33.35（约 30.46dB）；音调控制电路的中频增益为 1，实际会有衰减，故取电压增益为 0.7 倍（约-3dB）。各级放大电路的增益分配分别为：话筒放大 26dB（放大倍数为 20），一级放大；混合前置放大 15dB（放大倍数为 5.6），一级放大；音调控制-3dB（1kHz处放大倍数为 0.7）；功率放大 30dB（放大倍数为 32，实际为 33）。

任务 2：音调控制电路

1. 幅频特性

音调控制电路的主要作用是调节音响放大器的幅频特性，特性曲线如图 3.3.6 所示，小于 1kHz 或大于 1kHz 频率的信号增益可在-20dB~+20dB 范围内调节，频率不同，其增益调节的范围不同。特性曲线中的几个频率点分别是：①中音频率 f_0，f_0=1kHz，此

时电压增益 A_{V0} 为 0dB（电压放大倍数为 1）；②低音频转折频率 f_{L1}，为几十赫兹；③低音区的中音频转折频率 f_{L2}，$f_{L2}=10\,f_{L1}$；④高音区的中音频转折频率 f_{H1}；⑤高音频转折频率 f_{H2}，为几十千赫兹。

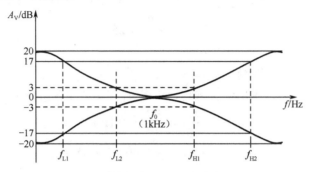

图 3.3.6　音调控制电路幅频特性

2. 电路形式

与幅频特性曲线相应的音调控制电路如图 3.3.7 所示，电路中的 $R_1=R_2=R_3$，$C_1=C_2\gg C_3$，其中 $R_1=R_2$ 是为了保证中音频率的电压增益为 0dB（电压放大倍数为 1）。图中的 W_1 为低音调调节旋钮，可调节低音频增益，触点左移，低频提升；触点右移，低频衰减。W_2 为高音调调节旋钮，可调节高音频增益，触点左移，高频提升；触点右移，高频衰减。

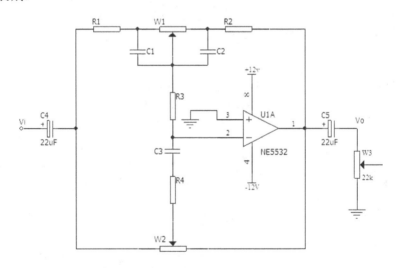

图 3.3.7　音调控制电路

3. 参数计算

本节音调控制要求为：1kHz 处增益为 0dB（放大倍数为 1），100Hz 与 10kHz 处有 ±12dB（放大 4 倍或缩小至 1/4）的调节范围，低音频率与高音频率的增益≥20dB（放大倍数 10 倍）。按照要求直接用计算公式求解图 3.3.7 中的元件参数。

① 根据 100Hz 与 10kHz 处有±12dB 的调节范围这一要求，求低音区的中音频转折频率 f_{L2} 和高音区的中音频转折频率 f_{H1}。

$$f_{L2} = f_{LX} \times 2^{\frac{X}{6}} = 100 \times 2^{\frac{12}{6}} = 400(\text{Hz}) \tag{3.3.8}$$

$$f_{H1} = \frac{f_{HX}}{2^{\frac{X}{6}}} = \frac{10000}{2^{\frac{12}{6}}} = 2500(\text{Hz}) \tag{3.3.9}$$

其中，f_{LX}=100Hz、f_{HX}=10kHz、X=12dB。

由 f_{L2} 和 f_{H1} 的取值，求出低音频转折频率 f_{L1} 和高音频转折频率 f_{H2}。

$$f_{L1} = \frac{f_{L2}}{10} = \frac{300}{10} = 30(\text{Hz}) \tag{3.3.10}$$

$$f_{H2} = 10 f_{H1} = 10 \times 2500 = 25(\text{kHz}) \tag{3.3.11}$$

② 根据低音频率与高音频率的增益≥20dB 的设计要求，求出 W_1、R_1、R_2 的阻值。由于 $R_1=R_2=R_3$，所以音调控制电路在低音频区的增益 A_{VL} 值为

$$A_{VL} = \frac{W_1 + R_2}{R_1} = 1 + \frac{W_1}{R_1} \geqslant 10$$

W_1、R_1、R_2 的阻值不能大，否则容易引起输出偏移。但也不能太小，因为运放的负载能力不大，通常取几千欧至几百千欧，所以取 W_1=470kΩ，R_1、R_2 为 47kΩ，则 A_{VL}=11 倍（约 20.8dB）。

③ 由 W_1 的取值，求电容 C_2、C_1 的值。根据公式

$$f_{L1} = \frac{1}{2\pi \cdot C_2 \cdot W_1} \tag{3.3.12}$$

求得 $C_2 = 0.011\mu\text{F}$，取 $C_2 = 0.01\mu\text{F} = C_1$。

④ 求 R_4

高音频率的增益≥20dB，且 $R_1=R_2=R_3$，则由公式

$$A_{VH} = \frac{Ra + R_4}{R_4} = \frac{3R_1 + R_4}{R_4} \geqslant 10 \tag{3.3.13}$$

得 $R_4 \leqslant \frac{3R_1}{9}$；$R_4 \approx 15.6\text{k}\Omega$，取 R_4 为 15kΩ。

⑤ 求电容 C_3

由

$$f_{H2} = \frac{1}{2\pi \cdot R_4 \cdot C_3} \tag{3.3.14}$$

得

$$C_3 = \frac{1}{2\pi \cdot R_4 \cdot f_{H2}} = \frac{1}{2\pi \times 15 \times 10^3 \times 25 \times 10^3} \approx 430(\text{pF})$$

⑥ 取 $W_2=W_1$=470kΩ。

可以通过一个耦合电容，将音调控制电路的输出连接到一个音量电位器 W_3，电位器滑动端接到功放输入端,调节音量电位器，相当于调节了输入到功放电路的信号幅度，就可调节扬声器的发声大小。

任务 3：混合前置放大电路

混合前置放大的作用是把放音机的音乐信号与话筒的语音信号进行混合放大,通常用反向加法器电路构成,应选用低噪声、低漂移放大电路。NE5532 是低噪声双运算放大器,具有输入过压保护、输出短路保护、低噪声、低失真、高输出能力的特点。工作电压为±15V,共模抑制比为 100dB,单位增益积为 10MHz。根据设计要求,混合前置放大级的电压增益为 5.6 倍(15dB),在放大倍数为 10 倍的情况下,运放的带宽可达到 1MHz,完全满足放大器对带宽为 20kHz 的要求,电路如图 3.3.8 所示。可通过调节 W_{23} 改变放大电路的增益,最大可调增益为 10 倍,在整机调试时,可以很方便地调整整机的增益,系统中其他部分电路的增益都已设计为固定不可调。话筒放大输出与放音机线路输出的信号没有直接接入混合前置放大,而是各自经过电位器连接,这两个电位器可分别控制声音和音乐的音量。放大器输入阻抗大于 5kΩ。

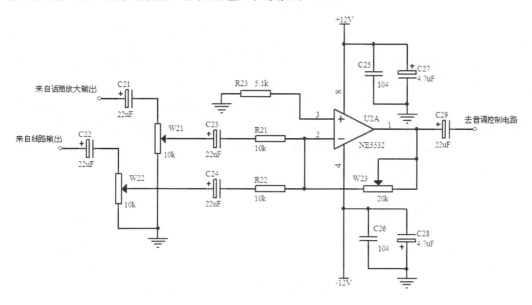

图 3.3.8　混合前置放大器电路

任务 4：话筒放大电路

话筒输出信号一般在 5mV～20mV 之间,输出阻抗在 20Ω～30000Ω 之间,小于 600Ω 为低阻话筒。话筒放大器的作用是高保真放大微弱音频信号,在对毫伏级信号放大的同时,对失调信号也放大了,因此应选用失调电压小、偏置电流低、噪声低、温度漂移小的运放,并且运放的输入阻抗应远大于话筒的输出阻抗。一般双极性运放适用于低阻话筒,FET 型运放适用于高阻话筒。NE5532、NE5534、LM833 等运放电路可作为话筒放大电路,其电路形式如图 3.3.9 所示。

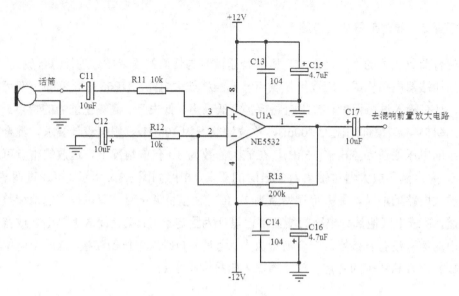

图 3.3.9 话筒放大电路

该放大电路采用了同相输入放大方式，因为同相输入的输入阻抗高，能满足不同阻抗话筒的使用，放大电路中使用的运放是 NE5532，电压放大倍数为 21 倍。

功放级电路所需的直流电源为±18V，采用±18V 经三端稳压器 7812、7912 输出±12V的方法，为话筒放大、混合前置放大、音调控制电路提供直流电压。虽然三端稳压器输入、输出压差为 5V，但话筒放大、混合前置放大、音调控制电路工作电流很小，可以正常使用。

3.3.5 安装调试

1. 未接电源前的电路检查

利用万用表，在电路不接电源的前提下，检查电路中所有正、负电源，电源地之间有无短路、断路；检查运放电源连接是否出现未接、反接、错接；检查所有电解电容是否有极性接反的情况出现。对照原理图，检查其他元件是否有错焊、漏焊、虚焊。检查无误后，可以准备接入电源。

2. 静态测试

静态测试主要是指接通电源后，在不接入任何信号的情况下，利用万用表直流电压挡测量电路中各点直流电压值，本节主要测量各级电路中运放工作电压是否正常，在电压正常的情况下，可进入下一步调试阶段。通电前，应将线路输入和话筒输入接地，使输入信号为 0；将攻放前的音量电位器调到最小，使功放级输入为 0；接通电源后，注意观察功放管是否发烫，如果没有自激，功放管是不会发烫的，可以进入下一步操作。

3．动态调试

① 线路输入接地，在话筒输入端输入频率为 1kHz、峰-峰值为 10mV 的正弦信号，用示波器观测话筒放大电路的输出波形，输出波形峰-峰值为 210mV 左右。

② 将示波器探头移至话筒音量电位器 W_{21} 的滑动端，调节电位器，使其滑动端电压波形的峰-峰值为 200mV。测量混合前置放大器输出端波形，调节 W_{23} 电位器，当波形输出峰-峰值为 1.12V 时，该级放大倍数约为 5.6 倍。

③ 调整音调控制电路的电位器 W_1、W_2 在中间位置，测量音调控制电路输出端波形，按照设计结果，本级增益约为 0.7 倍，输出波形峰-峰值应为 784mV 左右，约为 0.8V。

④ 接入扬声器（可用负载电阻代替），测量扬声器两端的波形，调节音量电位器 W_3，使波形幅度由小变大，观察输出波形的变化，在正常情况下，输出波形的最大不失真输出峰-峰值为 25.87V，约为 26V。如果音量电位器已经调到最大，负载两端信号不失真，仍达不到最大不失真输出幅度 25.87V 时，可调节 W_{21}，适当增大混合前置放大电路级的增益。注意如果功放管的散热不好，不能长期工作在大功率输出的状态下，测量后随时将音量电位器 W_3 调小，减小输出波形，避免损坏功放管。出现自激时，功放管也会发烫，应检查原因，消除自激。

⑤ 将音量电位器 W_3 调最小，话筒输入接地，线路输入端输入频率为 1kHz、峰-峰值为 200mV 的正弦信号，调节电位器 W_{22} 无衰减输出，调节音量电位器 W_3，用示波器观察扬声器负载的输出波形变化，最大峰-峰值也为 25.87V 左右。

4．指标测量

（1）额定功率

根据公式（3.3.3）直接用示波器观测输出波形的最大不失真峰值电压值。测试条件为：①信号发生器输出频率为 1kHz，峰值为 100mV，线路输入、线路调节电位器 W_{22} 衰减为 0。②音调电位器 W_1、W_2 调至中间位置。③音量电位器调至最小。④功率输出端接负载，示波器同时测量线路输入和功率输出的波形。⑤用失真度仪检测负载两端波形的失真。⑥调节音量电位器，使输出波形变大，测量最大不失真输出波形的峰值电压。注意随时减小输出波形，避免测量时间过长，防止功放管损坏。

（2）频率响应

放大器的频率响应就是放大器的幅频特性，放大器相对于中音频 f_0(1kHz)的电压增益下降 -3Db（电压增益下降 0.707 倍）所对应低频频率 f_L 和高频频率 f_H，分别是放大器的低频截止频率和高频截止频率，f_H 和 f_L 之间的差值，就是放大器的带宽。频率响应测量条件同上，调节音量电位器，使输出波形幅度减小到 50% 以下，测量时仅改变信号源的输出频率（20Hz～20kHz），信号源输出幅度保持不变，在不同频率下，测量整个电路的电压增益，画出幅频曲线，找到 f_H 和 f_L。

（3）音调控制特性

信号从音调控制电路的输入耦合电容前加入，测量端选取音调控制电路的输出耦合电容后，信号峰值为 100mV，先测 f_0（1kHz）处的电压增益，再分别测低频特性和高频特性。①低频特性测量：分别将 W_1 调到最左端和最右端，频率在 20Hz～1kHz 之间变化，保持幅度不变，记录对应的电压增益。②高频特性测量：分别将 W_2 调到最左端和最右端，频率在 20Hz～1kHz 之间变化，保持幅度不变，记录对应的电压增益。③绘制音调控制曲线，分别找出 f_{L1}、f_{L2}、f_{H1}、f_{H2} 频率点以及所对应的电压增益。

（4）噪声电压

输入为 0，将音量电位器 W_3 调至最大，用示波器观察功放输出负载两端的波形，用交流电压表测交流有效值。

（5）整机效率

测整机在额定输出功率 10W 下的输出电压 U_{Lm}（负载两端电压峰值），转换效率为

$$\eta = \frac{\pi U_{Lm}}{4V_{DD}} \qquad (3.3.15)$$

其中，V_{DD} 为电源电压。

3.3.6 设计拓展

1．在原设计基础上，查找资料，增加电子混响电路的功能。

2．设计 1 个能够驱动本课题音响放大电路的电源。

3．D 类功放的转换效率更高，查阅资料，分析讨论 D 类功放的工作原理。

4．功率放大器件的保护措施有哪几种？

5．功率放大的失真应该怎么调整？

6．比较甲、乙、甲乙、D 等类型功率放大器的特点。

7．如何实现多频率点音调调节？

8．什么是音频功率？什么是高保真功放？

9．音响效果只与音频功率放大器有关吗？

3.4 小功率线性直流稳压电源设计

3.4.1 设计要求

设计一直流稳压电源，输入为市电，输出为：①输出电压为 12V；②负载电路额定功率为 9W，负载电路的电源效率为 0.8；③输出纹波电压为 5mV；④稳压系数为 3×10^{-3}。

3.4.2 设计要点

直流稳压电源广泛应用于国防、科研、院校、工厂、日常生活的所有电子设备中。小功率线性直流稳压电源的设计要点是在保证输出电压、电流要求的前提下，输出纹波要小，避免因纹波过大，引入噪声，产生对放大电路、特别是微弱小信号放大电路的影

响。输出电压稳定度要高、稳压电源的输出电阻要小，避免因输入电压的变化或负载变化而引起电源输出电压的变化，使稳压电源输出不稳定，影响电路的工作稳定性。

3.4.3 方案论证

方案1：单相桥式整流滤波电路

将交替变化的正弦交流电压变换成单方向的脉动电压，在小功率直流电源中，可用单相半波、单相全波、单相桥式整流电路进行整流，单相桥式用得最多。三种电路中，无论哪种形式，脉动成分都高，脉动系数（输出电压基波最大值与输出直流电压之比）大，因此引入滤波电路，构成桥式滤波电路。其中单相桥式电容滤波电路是比较常用的电路之一，其电路形式如图3.4.1。

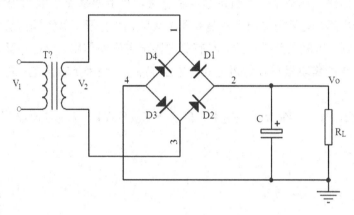

图3.4.1 单相桥式电容滤波电路

① 输出电压 V_O

$$V_O = (0.9 \sim \sqrt{2})V_2 \qquad (3.4.1)$$

负载越重，系数越小，负载开路，$V_O = \sqrt{2}V_2$。在满足式（3.4.4）时，系数取1.2。

② 二极管选取

二极管最大反向工作电压 V_R

$$V_R = \sqrt{2}V_O \qquad (3.4.2)$$

二极管最大整流电流 I_F

$$I_F \geqslant (1 \sim 1.5)\frac{V_O}{R_L} \qquad (3.4.3)$$

③ 滤波电容 C 的选取

$$R_L C \geqslant (3 \sim 5)\frac{T}{2} \qquad (3.4.4)$$

式中，T 为交流信号的周期，为20ms。也可用下式估算滤波电容 C：

$$C = \frac{I_C T}{2\Delta V_{ip-p}} \qquad (3.4.5)$$

其中，I_C 为电容放电电流，取 I_C 为最大负载电流；$\Delta V_{\text{ip-p}}$ 为稳压器输入端纹波电压的峰-峰值。

如果知道负载电阻 R_L 的大小，以及对脉动系数的要求，则滤波电容 C 也可以用下式估算：

$$S = \frac{1}{4\dfrac{R_L C}{T} - 1} \tag{3.4.6}$$

电容耐压值应大于 $\sqrt{2}V_2$。

方案 2：晶体管串联稳压电路

晶体管串联稳压电路在方案 1 的基础上，增加了调整电路、基准电压电路、取样电路和比较放大电路，构成了一个负反馈控制电路。其中调整管 VT_1 工作在放大区，接成射级输出器电路，其射级输出电压是稳压电源的输出电压，射级输出负载就是稳压电源负载，构成电压串联负反馈电路，具有稳定输出电压的作用。该电路又以电压反馈方式通过控制 VT_1 的集电极与发射极之间的电压 V_{CE}，达到稳定输出电压的目的，其工作过程为：

$V_3 \uparrow \rightarrow$ 输出 $V_O \uparrow \rightarrow V_{B2} \uparrow \rightarrow V_{BE2} \uparrow \rightarrow I_{C2} \uparrow \rightarrow V_{C2}(V_{B1}) \downarrow \rightarrow V_{CE1} \uparrow \rightarrow$ 输出 $V_O \downarrow$

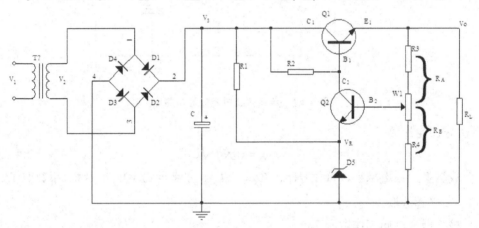

图 3.4.2　串联型稳压电路

输出电压的表达式为

$$V_O = (V_{BE2} + V_R) \times \left(1 + \frac{R_A}{R_B}\right) \tag{3.4.7}$$

方案 3：集成稳压电路

选用 LM7812 三端集成稳压器，该器件有三个引脚，1 脚为输入、3 脚输出、2 脚接"地"，LM7812 最大输出电流为 1.5A，如果负载电流大于 1.5A 时，应考虑扩流措施。为了保护三端稳压器，防止外电源串入，使输出电压端 3 脚的电压高于输入电压端 1 脚的电压，造成集成稳压器的损坏，可以在 LM7812 的 1、3 脚间接一个开关二极管，二极管正极接 3 脚，负极接 1 脚。

方案点评

方案 1 采用的单相桥式整流滤波电路，虽然可得到比较平滑的输出电压，当电网电压波动和负载变化时，输出电压随之变化，稳压性能稍差；方案 2 为串联型稳压电源，具有输出电压稳定度高、纹波小、线路简单、工作可靠等优点，但是电路元件多，占用电路板面积大，调试略为复杂；方案 3 集成稳压电路的基本原理与方案 2 大同小异，集成在一个芯片内、外围元件少、体积小、重量轻、使用方便。综合考虑，设计方案选择集成稳压电路。

3.4.4 方案设计

所设计的电路如图 3.4.3 所示，设计思路将分别给予介绍。

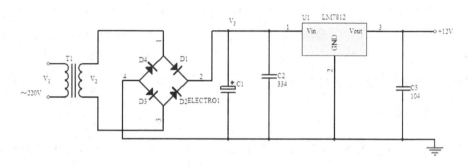

图 3.4.3 集成稳压电路

1. 稳压电路的主要指标

（1）最大输出电流 I_{OMAX}

指稳压电源正常工作情况下的最大输出电流，使用时，工作电流 I_O 应小于最大工作电流 I_{OMAX}。

（2）输出电压 U_O

稳压器正常工作的输出电压，用 U_O 表示。

（3）纹波电压

指叠加在直流输出电压上的交流成分，用交流的峰-峰值 ΔU_{OP-P} 表示。纹波电压指标也可以用纹波抑制比 S_R 表示，反映稳压电源对输入端引入的交流纹波电压的控制能力。

$$S_R = 20 \log \frac{\Delta U_{iP-P}}{\Delta U_{OP-P}} (\text{dB})$$

ΔU_{iP-P} 是输入交流纹波电压的峰-峰值。

（4）稳压系数 S_V

指在负载不变的情况下，输入电压相对变化引起输出电压的相对变化。

$$S_V = \frac{\Delta U_O / U_O}{\Delta U_i / U_i} \Big|_{R_L} = 常数 \qquad (3.4.8)$$

2. 集成稳压器选择

集成稳压器中最常见的是 78XX 系列输出正电压和 79XX 系列输出负电压器件，78 系列中包含了 5V、6V、8V、9V、10V、12V、15V、18V、24V 等多种电压输出类型。

根据所给条件：负载功率 9W，效率 0.8。所以电源提供的功率应为 9W/0.8，约为 11.25W，取 12W。由于电源电压为 12V，电源提供的电流约为 12W/12V，即电流为 1A。问题转为哪种集成稳压器可以满足输出 12V/1A 的要求。本节选用集成稳压器 LM7812，该器件的输入电压为 15V～35V 时，输出电压为 12V，输入与输出电压的最小工作压差为 3V，所以在图 3.4.3 中，输出 V_O=12V 的直流电压时，输入端电压应≥15V，故选 V_3 为 15V，过大的压差会使三端稳压器的功耗增加，稳压器易发热损坏，需要加散热片；LM7812 输出电流的最大值为 1.5A，大于 1A 的工作电流，也满足对输出电流的要求。

3. 滤波电容的选取

根据已知稳压系数 S_V 为 3×10^{-3}、$\Delta U_O = \Delta V_O = 10$mV（此处将输出纹波值作为输出的相对变化值）、$U_O = V_O = 12$V、$U_i = V_3 = 15$V，参照公式（3.4.8）和图 3.4.3，则 ΔU_i（此处所求的输入相对变化值是输入端的纹波值）：

$$\Delta U_i = \Delta V_3 = \frac{\Delta U_O U_i}{U_O S_V} = \frac{5 \times 10^{-3} \times 15}{12 \times 3 \times 10^{-3}} \approx 2.1 (V)$$

再根据式（4.4.5），估算出电容 C_1 的值

$$C = \frac{I_C T}{2\Delta V_{iP-P}} = \frac{1 \times 20 \times 10^{-3}}{2 \times 2.1} \approx 4545 (\mu F) = C_1$$

式中，I_C 为工作电流，为 1A，$\Delta V_{iP-P} = \Delta U_3$。取 C_1 为 4700μF。

4. 整流二极管的选取

根据式（3.4.2）和式（3.4.3）分别计算整流二极管的最大反向工作电压以及最大整流电流值。根据计算结果查阅资料选取整流二极管。

二极管最大反向工作电压 V_R 为

$$V_R = \sqrt{2} V_3 = 1.414 \times 15 = 21.21 (V)$$

二极管最大整流电流 I_F 为

$$I_F \geq (1 \sim 1.5) \frac{V_O}{R_L} = 1.5 \times 1 = 1.5 (A)$$

5. 变压器的选取

根据式（3.4.1）估算变压器次级线圈电压 V_2，取系数为 1.2，则

$$V_2 = \frac{V_O}{1.2} = \frac{V_3}{1.2} = \frac{15}{1.2} = 12.5(\text{V})$$

变压器副边输出功率为（留有余量，取 I_F 值）

$$P_2 = V_2 \times I_{o\max} = 12.5 \times 1.5 = 18.75(\text{W})$$

考虑变压器效率，实际选用的变压器功率为

$$P = \frac{P_2}{0.7} = \frac{18.75}{0.7} = 26.7(\text{W})$$

取 30W 或 25W（计算副边电压时，已经留有一定的余量了）。

3.4.5　安装调试

1．未接电源前的电路检查

利用万用表，在不接电源的前提下，检查变压器初、次级线圈是否短接、断线、接反；检查整流二极管的单向导电性、极性和连线；检查电路中电源、电源地之间有无短路、断路；检查电解电容极性是否接反；检查其他连接是否出现未接、反接、错接。

2．通电测量

不连接负载，按照设计的要求和计算值，用万用表交流挡测变压器次级、滤波电容的电压，三端稳压器的输入电压，三端稳压器的输出电压。若发现哪一级出现问题，就检查其前端电路，直至电路工作正常。输出电压正常后，可接入负载进行输出直流电压的再次测量，证明运行结果。

3．动态调试

在完成上两个步骤后，关闭电源，按图 3.4.4 接线，注意自耦变压器的输出端接被测电源的变压器输入端，线路连接完毕后，可进行稳压电源性能指标的测试。

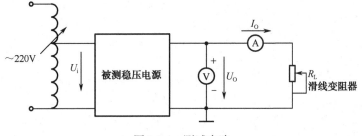

图 3.4.4　测试电路

① 最大输出电流测试

测输出电压 U_O 为 12V 下的电流最大值。先调整输出电压为 12V，改变电阻阻值，使电流 I_O 变大，能够保持输出 12V 不变的最大电流就是所测电流值。应避免长期在大电流下测试，以保护三端稳压器。

② 输出电压测试

调节电阻阻值，使电流 I_O 为所设计的额定电流 1A，测量输出电压值。

③ 纹波测试

在额定负载下，I_O 为 1A，U_O 为 12V，用示波器观测叠加在稳压电源输出端的纹波，峰-峰值。

④ 稳压系数测试

在额定负载下，I_O 为 1A，U_O 为 12V。调节自耦变压器，使 U_i 分别为 242V、220、198V，测量在三组不同的输入电压下，稳压电源的输出电压值。带入公式（3.4.8），计算稳压系数。

⑤ 输出电阻测试

在额定负载下，I_O 为 1A，U_O 为 12V，改变负载电阻 R_L 的阻值，读取电流表指示值 I_O 和电压表的指示值 U_O，计算稳压电源的输出电阻。

$$R_O = -\frac{\Delta U_O}{\Delta I_O} = -\frac{U_O - 12}{I_O - 1}$$

3.4.6 设计拓展

1．设计 3.3 节内容中功放电路的电源。可以考虑结合本节设计方案 1 和设计方案 3 的方法。用方案 1 实现±18V 电源的设计，在此基础上，利用±18V 电源，再实现±12V 电源的设计。估算一下±12V 电源需要多大的工作电流。

2．开关稳压电源的效率较高，查阅相关资料，讨论开关稳压电源的工作原理、电路组成和实现方法。

3．电源变压器怎么选择或制作？

4．设计一个用稳压二极管组成的稳压电路。

5．了解 DC-DC 转换器的工作特点及其应用。

6．查找资料，用最简单的电路将 220V 交流电变换成 110V 交流电，以便给某些电器供电。

第 4 章 数字电子系统设计

本章简要介绍数字电子系统的组成与设计要点，给出"交通信号灯、竞赛抢答器和数字温度计"三个任务，内容覆盖数字电子系统（数字电路）的组合与时序电路两大部分，同时也兼顾与模拟电子系统之间的联系，在实现手段方面，既介绍常规的数字器件，也介绍 FPGA 等新器件。数字电子器件发展较快，希望读者能通过常规器件的使用掌握原理，加强对新器件的了解和现代设计方法的掌握，在设计过程中尽量采用新器件，以提高产品的竞争力。

4.1 数字电子系统设计概述

4.1.1 数字电子系统的组成

数字电子系统又叫数字电子装置、数字电路等，其主要功能是实现数字信号的传输、运算和输出，常用的数字系统有电子表、数字电子计算机、手机、各种数控系统等。尽管这些电子系统的结构或功能有所不同，但是，它们都有一个共同的特点，即都是由一些具有基本功能的电路单元组成的，而这些单元又可以分成三大类，即输入电路、运算与控制电路和输出电路组成。

一个典型的数字电子系统的组成框图如图 4.1.1 所示。

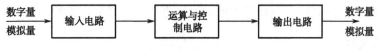

图 4.1.1 典型数字电子系统

数字系统的核心是运算与控制电路，而该部分电路的主要功能是实现数字信号的逻辑运算与数值运算。

输入电路的作用是将外部的信号顺利地传送到运算与控制电路，由于需要处理的信号既有数字信号，也有模拟信号，而运算与控制电路只接收具有固定电平的数字信号，因此，输入电路的作用就是将外部的数字信号或开关信号转换成能被接收的数字信号，将外部连续变化的模拟信号通过一定的手段（如模数转换器）转换成数字信号。

运算与控制电路的功能主要有两大部分，其一是对来自输入电路的信号进行相关的运算，并通过输出电路输出，实现信号的传输、变换与运算功能；其二是对整个电子系统各个器件工作的管理与控制。

输出电路的功能也有两大部分，其一是信号变换，其二是驱动。所谓信号变换就是将运算电路的输出，变成负载能够接收的形式，如将数字信号变成模拟信号等，所谓驱动，就是给输出信号一定的能量（电流放大），使其能驱动负载工作，如让显示灯发光，让电动机转动等。

数字电子系统设计的主要内容为：

- 组合逻辑电路
- 时序逻辑电路
- 混合逻辑电路
- 模、数转换电路
- 驱动电路

4.1.2　数字电子系统的设计

1．设计要点

数字电子系统的设计步骤也可以按方案设计、单元电路设计、单元和方案试验等顺序进行。可以将复杂的系统分解成若干具有基本功能的电路，如输入电路、运算电路、驱动电路等，然后分别对这些单元电路进行设计，使一个复杂任务变成简单任务，利用我们学过的知识即可完成，对于各个单元电路，在设计时必须根据其特点，采取不同的处理方法。

运算与控制电路是数字电子系统的核心，数据信息与控制信息的准确传递是其主要任务，宜首先明确逻辑关系，尽量采用集成度高的芯片。

输入电路需要与外部调理电路相结合，确定合适的模数转换电路的分辨率、精度等指标，以免对模数转换电路提出过高的指标要求；在输入信号的同时，需要采取措施，保证运算电路的安全和可靠性。

输出电路在给负载提供驱动能力的同时，也需要阻挡外部干扰。

2．所用器件

数字电路的设计常用器件范围比较大，功能上，从门电路到 PLD、FPGA 等器件，从数字电路到数模电路；集成度上，从中小规模到超大规模；实现方式上，有 MOS 电路和 TTL 电路之分；这些器件目前都在使用，还有新器件不断涌现，既丰富了设计内容，又加大了设计过程的复杂性。

设计者也必须熟悉各种器件，注意选用集成度高的器件，完成系统设计。

中小规模集成电路目前还在大量使用，而且利用中小规模集成电路的设计方法比较容易为初学设计者所掌握，有助于学生熟悉各种功能电路，以及电子电路设计的基本程序和方法，学会布线、焊接、组装、调试电路基本技能。

为此，本章首先选择采用中小规模集成电路的电子系统设计，帮助学生逐步掌握电路的设计方法，在方案论证过程中也介绍了大规模和超大规模电路的使用。

4.2 交通信号灯控制器设计

4.2.1 设计要求

设计一个交通信号灯控制器，由一条主干道和一条支干道汇合成十字路口，在每个入口处设置红、绿、黄三色信号灯。红灯亮时禁止通行，绿灯亮时允许通行，黄灯亮时停在禁行线外等待。具体要求如下：

（1）用红、绿、黄发光二极管作为信号指示灯。

（2）主、支干道交替允许通行。主干道每次放行45s，支干道每次放行25s。

（3）在每次由绿灯亮转换到红灯亮的过程中，需要5s的黄灯作为过渡。

（4）具有手动设置主干道通行、支干道停止功能，以满足特殊要求。

4.2.2 设计要点

十字路口交通灯是日常生活中随处可见的例子，交通灯的使用可有效疏导交通流量、提高道路通行能力，有效管制交通，大大减少交通事故的发生。交通灯控制器的设计具有现实意义。

本设计的重点有两个方面：一方面需要按时间分配，控制好不同时段下LED的显示及转换；另一方面需要倒计时和显示时间。

4.2.3 方案论证

根据设计要求，首先分析十字路口交通灯的亮灭规律，再明确设计方案。变化规律列于表4.2.1中，其中"1"表示灯亮、"0"表示灯灭。

表 4.2.1 交通灯工作时序分析

状态	时间（秒）	主　干　道			支　干　道		
		红灯 R	绿灯 G	黄灯 Y	红灯 R	绿灯 G	黄灯 Y
S_1	45	0	1	0	1	0	0
S_2	5	0	0	1	1	0	0
S_3	25	1	0	0	0	1	0
S_4	5	1	0	0	0	0	1

分析表4.2.1，主干道和支干道红、黄、绿灯亮灭变化一周所需时间为80s，分4个状态完成。归纳后结论为：从第一秒开始，主干道绿灯亮45s、黄灯亮5s、红灯亮30s；支干道为红灯亮50s、绿灯亮25s、黄灯亮5s，80s为一个大循环周期。主、支干道红、绿灯显示的倒计时时间不同，但是要在同一个时钟控制下运行。

方案 1：基于单片机的控制方法

单片机（如 51 系列、MSP430 等微控制器）可以很方便地满足和实现设计要求。利用其内部定时器和软件计数功能，能够比较准确地实现红、黄、绿灯的定时功能；利用微控制器端口的输入/输出功能可以实现 LED 发光二极管和数码管的显示，如果输入/输出端口负载电流大于单片机的允许电流，可以考虑扩展驱动能力。还可以利用输入/输出端口实现键盘设置功能，对定时时间参数进行调整和设置；对主干道和支干道的通行进行手动控制。

方案 2：基于数字电路的纯硬件实现方法

方案 2 的构成如图 4.2.1 所示，各部分功能为：

① 时基电路：产生 1Hz 方波或矩形波输出信号，分别输入到两组可逆计数器的计数脉冲输入端，为系统提供秒脉冲时间基准信号。

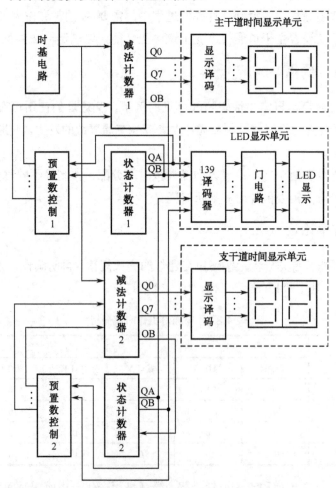

图 4.2.1　设计方案 2 系统框图

② 减法计数器：两组减法计数器 1、2 的功能是一样的，分别用两片十进制可逆计数器级联成 100 进制减法计数，系统上电后，减法计数器 1 输出为 45（BCD 码输出为 0100 0101），由 45s（主干道绿灯亮时间）减至 0 时，使输出重新置数为 5（BCD 码输

出为 0000 0101）；当 5s（主干道黄灯亮）倒计时到 0 时，输出置数为 30（BCD 码输出为 0011 0000）；由 30s（主干道红灯亮）倒计时至 0 时，计数器输出变为 45，回到系统上电时计数器的初始输出状态。减法计数器 2 输出状态的初态为 50，按照 50s（红灯亮）-25s（绿灯亮）-5s（黄灯亮）的顺序，进行减法计数，周而复始地运行。

③ 时间显示单元：主干道和支干道时间显示单元的电路完全相同。减法计数器的输出信号，接入到时间显示单元的输入端，可显示两条干道上的倒计时间。

④ 状态计数器：系统中有两个状态计数器，分别对各自干道上的红、绿灯显示的工作状态进行控制，同时又作为"预置数控制"电路的选择信号，实现对减法计数器的置数选择控制。两个状态计数器分别由 74LS161 构成，接成 3 进制计数器，输出状态为 0、1、2 三种，用来表示三种不同颜色 LED 点亮的工作状态。

⑤ 预置数控制：预置数控制单元有两个，这两个控制单元都包含了两片双 4 选 1 数据选择器，主要用于对减法计数器的预置数进行设置，当计数器减到 0 时，保证减法计数器 1、2 都能按照要求，正确置数。

⑥ LED 显示单元：主要用于对主、支干道的红、黄、绿灯亮灭的驱动和控制，保证正确显示。

方案 3：基于集成计数器和存储器的实现方法

设计一个时基电路，产生 1Hz 方波或矩形波，作为秒脉冲信号；将两片 74LS161 四位二进制加法计数器级联成一个 80 进制计数器，实现对 1Hz 秒脉冲信号的计数。该 80 进制计数器上电后能够复位，使输出为全 "0"；将 80 进制计数器输出端 Q0～Q7，按照高低位顺序，分别接到 3 个 E^2ROM 存储器（如：28C16）的低 8 位地址端 A0～A7 上，存储器其余高位地址接 "0"。3 个 E^2ROM 存储器都从地址 0 开始存放数据，"存储器 1" 存放主干道交通灯显示时间（用 BCD 码表示）、"存储器 2" 存放支干道交通灯显示时间，这两个存储器的输出接到 "显示译码" 单元。"存储器 3" 存放两个方向红、黄、绿灯亮灭数据，数据输出端接显示驱动电路。随着计数器的计数变化，80s 一个循环，周而复始，可依次按照存储器中存放的内容显示时间，并控制红、黄、绿灯的亮、灭。系统框图如图 4.2.2 示。

方案点评

方案 1 的硬件电路简单，功能变化和定时时间容易实现，定时时间可以通过键盘任意设定，但需要软件编程。

在 3 种方案中，方案 2 的硬件电路最为复杂，需要用到时基振荡电路、集成计数器、数据选择器、译码器、显示译码器、门电路等元件，调试复杂一些。不需要编写程序，功能固定。

方案 3 的硬件电路简单，容易实现，需要对 E^2ROM 进行数据烧写。功能固定，不能更改。是 3 种方案中最简单、最容易实现的方案。

为了培养学生的数字电路设计能力，本节选择了硬件电路最复杂的设计方案 2。完成电路设计后，有兴趣者可用其他方法试试，并进行比较。

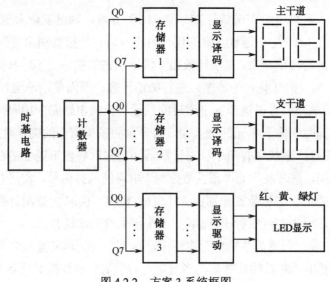

图4.2.2 方案3系统框图

4.2.4 方案设计

任务1：时基电路

在本设计中，时基电路主要用来作为交通灯控制器的定时时间基准。方波和矩形波都可以用，只要频率控制在 1Hz 即可。通常可用 555 定时电路产生方波或矩形波，如果对时间精度要求高的话，可以考虑使用晶体振荡器构成的方波产生电路。

1. 用555电路构成的多谐振荡器电路

555 集成电路是通用集成电路，有的采用双极型，也有的采用 CMOS 技术实现，可用于定时、产生脉冲、产生时间延迟、脉冲宽度调制、脉冲位置调制以及产生线性斜波函数等方面。555 电路又称为集成定时器或集成时基电路，是一种数字、模拟混合型的中规模集成电路，可工作在无稳和单稳两种模式下，脉冲定时范围可从微秒到小时。双极型产品工作电压为+5V～+18V，电路的输出电流为±200mA。

555 电路构成的多谐振荡器电路如图 4.2.3 所示。设计电路时，根据对输出频率 f 和占空比 q 的要求，选取电容 C_1 后，联立方程（4.2.1）、（4.2.2），求出 R_1 和 R_2 的阻值即可。

振荡器的输出频率为

$$f = \frac{1}{(R_1 + 2R_2)C_1 \ln 2} \tag{4.2.1}$$

占空比为

$$q = \frac{R_1 + R_2}{R_1 + 2R_2} \tag{4.2.2}$$

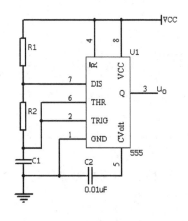

图 4.2.3　555 构成多谐振荡器

参数计算出来后，可以用一个 3296 可变电位器代替固定电阻 R_1，便于调节电路实际输出的频率。由于电路中充、放电的时间常数不同，该电路输出波形不能为方波，但可以采用以下两种方法产生方波：①用 555 设计一个输出频率为 $2f$ 的矩形波，再经过触发器构成的 2 分频电路，可产生一个频率为 f 的方波；②改变 555 构成多谐振荡器的电路形式，使 R_1 与 R_2 阻值相等，使其充放电回路的时间常数一致，如图 4.2.4 所示。

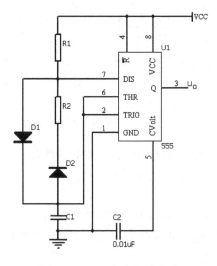

图 4.2.4　555 产生方波电路

RC 电路构成的振荡器，容易受温度影响，从而导致振荡频率的不稳定，所以适合对频率稳定要求不高的场合。利用石英振荡电路可以获得高稳定性能的波形。

2. 石英振荡器电路

CD4060B 是一款 14 级串行计数器电路，工作电压为 1～15V，可以与 TTL 电平兼容。与 R、C 元件组合，可构成 RC 方波振荡器（见图 4.2.5）。由于晶体振荡器的频率精度可达到 10^{-4} 数量级以上，CD4060B 与石英晶体振荡器结合，可以获得频率稳定性能更高的方波输出，典型电路如图 4.2.6 所示。

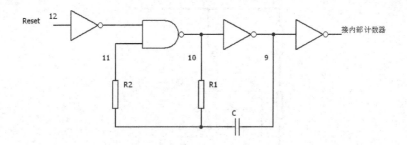

图 4.2.5　构成 RC 振荡器电路

输出频率为

$$f = \frac{1}{T} \approx \frac{1}{2.2R_1C} \qquad (4.2.3)$$

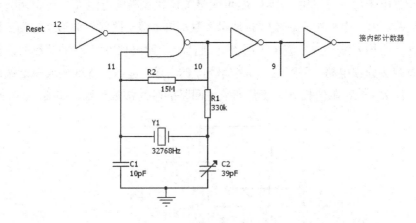

图 4.2.6　构成石英振荡器电路

图 4.2.6 的输出频率为 32768Hz。此时，CD4060B 的 Q_{14} 端（3 脚）输出频率为

$$f = \frac{32768}{2^{14}} = 2(\text{Hz}) \qquad (4.2.4)$$

实际需要 1Hz 方波，因此，Q_{14} 输出的信号再经过一个 2 分频电路，可获得频率为 1Hz 的方波。经过 4 分频电路可获得脉宽为 1s、周期为 0.5Hz 的方波信号。分频电路可用触发器或集成计数器构成。

3．用运放构成的方波发生器电路

典型电路为运放构成的"施密特触发器振荡器"如图 4.2.7 所示。
该电路的振荡周期 T 为

$$T = 2R_1C_1\ln\left(1 + \frac{2R_4}{R_3}\right) \qquad (4.2.5)$$

当 $R_4 = R_3$ 时，有

$$T \approx 2.2R_1C_1$$

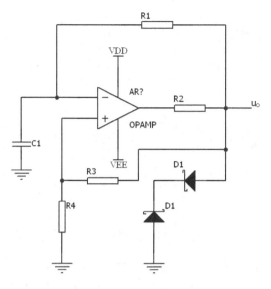

图 4.2.7　方波发生器电路

该振荡器的输出电压幅度由两个稳压管的稳压值确定,如果稳压管的稳压值是 5V,则输出幅度约为±5V,实际需要的是与 TTL 电平兼容的 0～5V 输出幅度的方波,所以需要对波形整形,最简单的方法是比较器。

任务 2:减法计数器与状态计数器电路

1. 减法计数器电路

集成计数器 74LS161(与 74HC161、74HCT161 功能一致)、74LS163 是 4 位二进制同步加法计数器,计数范围为 0000～1111,集成计数器 74LS160、74LS162 是 4 位十进制(BCD)同步加法计数器,计数范围为 0000～1001,其中 161、160 具有同步置数、异步清零功能,163、162 具有同步置数、同步清零功能。这四种计数器计数脉冲输入端是 CLK(2 脚)端,有效沿是上升沿。CEP(7 脚)、CET(10 脚)是使能端,接高电平时,允许计数器计数;接低电平时禁止计数,并保持计数器输出状态不变。MR(1脚)是清零端,接低电平时,异步清零计数器直接清零;同步清零计数器还需要在 CLK 端输入脉冲,在脉冲的上升沿处清零计数器。PE(9 脚)是置数控制端,同步置数的方式与同步清零方式一样,PE 接低电平时,在 CLK 端触发脉冲升沿处,将 P3、P2、P1、P0 四个置数输入端的二进制数(预置数)对应传送到计数器的四个输出端 Q3、Q2、Q1、Q0 处。TC(15 脚)是计数器的进位输出,用于级联扩展。这四种计数器的级联方式相同,将低位计数器的进位输出 TC 接到高位计数器的 CTP(10 脚),并按照图 4.2.8接线即可。注意图中未画电源 VCC(16 脚)和接地端(8 脚)。

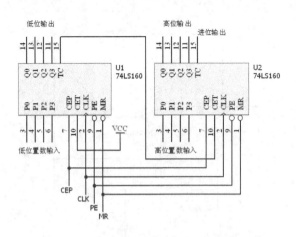

图 4.2.8　两片 74LS160 级联成 100 进制电路

集成计数器中比较常用的同步可逆计数器是 74LS190（或 74HC190、74HCT190）、74LS191、74LS192、74LS193。其中 190 是 BCD 同步加/减计数器，191 是四位二进制同步加/减计数器，192 是具有双时钟的 BCD 同步加/减计数器，193 是具有双时钟的四位二进制同步加/减计数器。这四种计数器的正确使用方法，可参考相关资料。本节选用 74LS192 设计"减法计数器 1"和"减法计数器 2"两个单元。74LS192 是双时钟，CU（5 脚）是加法脉冲输入端，CD（4 脚）是减法脉冲输入端，当作减计数时，CU 端必须接高电平；当作加计数时，CD 端必须接高电平。PL（11 脚）是计数器的置数控制端，低电平有效，异步置数，只要 PL 端为"0"，P3、P2、P1、P0 数据就会在 Q3、Q2、Q1、Q0 端输出。MR（14 脚）是计数器清零端，高电平有效，异步清零。TCD（13 脚）减法借位端、TCU（12 脚）加法进位端，可用于计数器级联。16 脚、8 脚接 5V 直流电源。

本节中"减法计数器 1"这部分电路的设计目标为：将两片 10 进制可逆计数器 74LS192 级联，可构成 100 进制减法计数器。该 100 进制减法计数器在系统复位时，应具有置数的功能，由于是主干道上的计数器，系统复位时，置数初值为 45（绿灯亮 45s），当系统运行后，计数器置数功能自动实现，每次倒计时到 0 时，依次循环置数 5、30、45，电路如图 4.2.9 所示。下面介绍工作原理。

（1）100 进制减法计数器级联方法：将低位计数器 U2 的借位输出端 TCD 连接到高位计数器 U1 的减计数脉冲输入 CD 端，秒脉冲信号接到 U2 的减计数脉冲输入 CD 端。

（2）置数方法：包括系统复位置数和系统运行置数两种。①当系统复位时，开关 S1 接地，状态计数器 U4 输出全为"0"，U5 与门输出为"0"，减法计数器的两个置数控制端 PL 为低电平，实现置数，此时计数器预置数为 45，计数器输出为 45。②当开关 S1 接 5V 时，系统运行，此时减法计数器预置数输入端的高 4 位为 0000，低 4 位为 0101。倒计时运行过程中，只要减法计数输出不为零，高位计数器 U1 的借位输出 TCD 就为高电平输出，与门 U5 的输出也为高电平逻辑 1，不置数。当计数器输出为全 0 时，U1 借位输出 TCD 为低电平，与门 U5 的输出也为低电平逻辑 0，计数器 U1、U2 置数。

（3）清零：清零端不用，MR 端接低电平。

（4）加法操作：不用，加计数脉冲输入 CU 端接高电平，不能接低电平。

（5）预置数：预置数来自于数据选择器的输出以及直接设定高、低电平。置数采用超前置数，即进行 45s 倒计时。

（6）输出：计数器输出 BCD 码，送显示译码电路中，进行译码和显示。

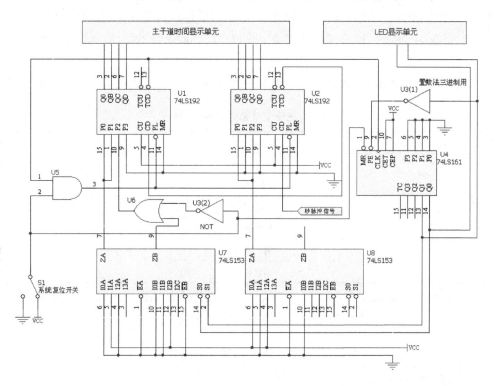

图 4.2.9 主干道控制电路

图 4.2.9 电路只包含了系统中主干道的减法计数器 1、状态计数器 1、预置数控制 1 单元的电路，不包含支干道的相关电路，支干道的设计方法与主干道的方法相同，系统复位时，计数器输出为 50，在 50 倒计时过程中，预置数为 25；在 25 倒计时运行中，预置数为 5；待 5 倒计时运行中，预置数为 50，每次在倒计时为零时，进行置数。系统复位开关只有一个，仍然是 S1；系统秒脉冲信号也是同一个，整个交通灯控制器在同一个时钟下工作。按照要求完成支干道相关电路的设计。

2. 状态计数器电路

状态计数器主要完成对减法计数器置数的控制，同时也控制红、黄、绿灯的亮灭。状态计数器有两个，一个用于主干道，另一个用于支干道，以主干道设计为例，支干道自行设计。

首先利用置数法，将 74LS161 接成三进制计数器，输出状态按 0000、0001、0010 的顺序变化，将输出 Q3、Q2、Q1、Q0 中的低两位 Q1、Q0 输出接至"LED 显示单元"和"预置数控制电路" U7、U8 的 S1、S0 选择端，用于控制红、黄、绿灯的亮灭，也控制预置数电路的置数设置，其输出状态所对应的控制要求列于表 4.2.2 中，其中"1"表示灯亮。

工作过程如下：

① 参考图 4.2.9，系统复位时（S1 接地），状态计数器 U4 清零，输出为 0000。

② 系统运行时（S1 接 VCC），减法计数器倒计时过程中，状态计数器保持高电平逻辑"1"输出不变；当倒计时输出为 0 时，U1 的借位输出 TCD 端由"1"变为"0"，U1、U2 置数；置数后 TCD 端又由"0"变为"1"，该上升沿触发"状态计数器"U4 加 1。

③ 如果用 Multisim 仿真软件进行电路仿真，要注意实际 74LS161 是上升沿触发的。

表 4.2.2　主干道状态计数器控制要求

状态计数器 1 输出值 Q1、Q0	预置数设置	主干道 LED 亮灭红、黄、绿
00	倒计时 45	0、0、1
	预置数 5	
01	倒计时 5	0、1、0
	预置数 30	
10	倒计时 30	1、0、0
	预置数 45	

支干道状态计数器工作原理同主干道一样，设计方法相同，电路完全相同。只是 00、01、10 三个输出状态所对应的控制要求不同，如表 4.2.3 所示。

表 4.2.3　支干道状态计数器控制要求

状态计数器 2 输出值 Q1、Q0	预置数设置	支干道 LED 红、黄、绿
00	倒计时 50	1、0、0
	预置数 25	
01	倒计时 25	0、0、1
	预置数 5	
10	倒计时 5	0、1、0
	预置数 50	

任务 3：预置数控制电路

1. 数据选择器

数据选择器种类较多，74LS153 是双 4 选 1 数据选择器，内部有两个数据选择器，引脚如图 4.2.10 所示。根据功能表 4.2.4，74LS153 中选择器 A 具有以下功能：①使能端(EA)′低电平有效，当使能端(EA)′为 0 时，选择器 A 的选择端 S1、S0 分别为 00、01、10、11 时，ZA 输出分别对应为 I0A、I1A、I2A、I3A 的逻辑状态；②当使能端(EA)′为 1 时，选择器 A 无效，无论 S1、S0 是什么状态，输出 ZA 始终为 0。74LS153 中选

择器 B 的功能与 A 一样，输入为 I0B、I1B、I2B、I3B，输出为 ZB，使能端是(EB)′，
选择端仍然是 S1、S0。74LS153 的工作电压为 5V，电源端分别是 16 脚（接 VCC）和
8 脚（接"地"），图 4.2.10 中未画出。表 4.2.4 中(EA)′的含义是：

$$(EA)' = \overline{EA}$$

表 4.2.4　选择器 A 功能表

输　　入			输　　出
使　能　端	选　择　端		
(EA)′	S1	S0	ZA
0	0	0	I0A
0	0	1	I1A
0	1	0	I2A
0	1	1	I3A
1	X	X	0

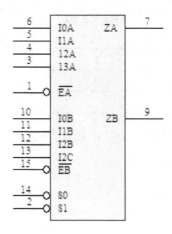

图 4.2.10　74LS153 数据选择器元件符号

2. 置数工作原理

参考图 4.2.11，状态计数器 U4 的 Q1、Q0 分别连接到两片数据选择器的 S1、S0
端，由于 U4 的 Q1、Q0 输出状态只有 00、01、10 三种，S1、S0 状态与之相同，当 S1、
S0 为 00，01、10 时，两片选择器的输出（ ZA、ZB）以及两片计数器的预置数（P3、
P2、P1、P0）是不同的，在复位信号为"1"的情况下，结果列于表 4.2.5 中，可分别
实现需要的置数功能。

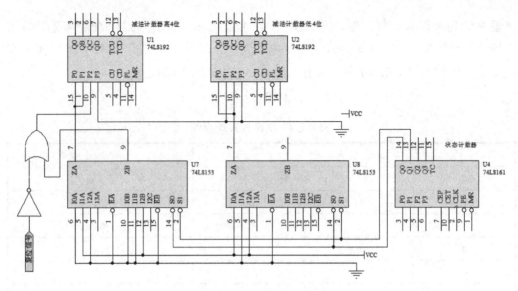

图 4.2.11　置数原理说明

表 4.2.5　选择器/计数器　输入输出对应关系

数据选择器 S1、S0	数据选择器 U7 ZA、ZB	数据选择器 U8 ZB	高位计数器 U1 P3、P2、P1、P0	低位计数器 U2 P3、P2、P1、P0
00	0、0	1	0000	0101
01	1、0	0	0011	0000
10	0、1	1	0100	0101

另外一组支干道"预置数控制电路"的设计方法与主干道的设计方法类似，可以自行分析设计。

任务 4：LED 显示单元电路

1．用门电路实现

译码及 LED 显示电路的输入信号来自状态计数器输出的 Q1、Q0。根据设计要求，分析主干道和支干道红、黄、绿灯的亮、灭与状态计数器输出状态的关系，列真值表（见表 4.2.6），运用组合电路的设计方法，进行电路设计。

表 4.2.6　真值表

输　　　入	输　　　出					
	主干道 LED			支干道 LED		
Q1Q0	L1（绿）	L2（黄）	L3（红）	L4（绿）	L5（黄）	L6（红）
00	1	0	0	00	0	1
01	0	1	0	1	0	0
10	0	0	1	0	1	0

说明：1 表示灯亮，0 表示灯灭。

根据真值表，列出的逻辑表达式为

L1=$\overline{Q1}Q0$，L2=$\overline{Q1}Q0$，L3=$Q1\overline{Q0}$，L4=$\overline{Q1}Q0$，L5=$\overline{Q1}Q0$，L6=$Q1\overline{Q0}$

用门电路实现逻辑表达式的方法，可采用公式法或卡诺图法化简逻辑表达式，化简后需要注意的是充分利用集成门电路中没有用到的剩余门电路，这样做可以减少使用的元器件，降低成本。例如上面 6 个逻辑表达式中，每个表达式都含有原码、反码，只需要将 Q1、Q0 取反，其反码就可用于其他表达式中，设计结果如图 4.2.12。试分析比较图 4.2.12 与图 4.2.13，前者用了三个器件，后者只用了 2 个器件，并且还实现了 LED 的低电平驱动形式，即门电路输出低电平时，LED 亮，采取了"0"亮、"1"灭的表达形式。

在使用门电路时，多余不用的引脚不能悬空处理，设计电路的过程中必须考虑。

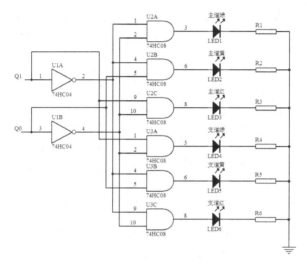

图 4.2.12　门电路实现逻辑函数（高电平驱动）

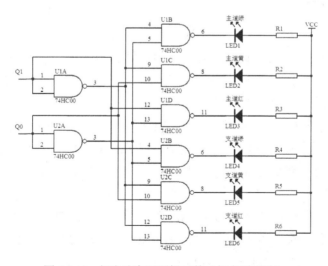

图 4.2.13　门电路实现逻辑函数（低电平驱动）

2．用译码器实现

利用译码器也可以实现逻辑函数，74HC139 内部含有两个 2 线-4 线译码器，因此用一片 74HC139 译码器，并利用 LED 的低电平驱动方式，就可以满足主干道与支干道红、黄、绿灯的控制逻辑，在图 4.2.14 中，采用 LED 低电平驱动方式，当 Q1、Q0 为 00 时，Y0 为 0，LED1 主干道绿灯亮；当 Q1、Q0 为 01 时，Y1 为 0，LED2 主干道黄灯亮；当 Q1、Q0 为 10 时，Y2 为 0，LED2 主干道红灯亮。同理，利用 74HC139 内部的另一个 4 选 1 数据选择器，可实现支干道的驱动。

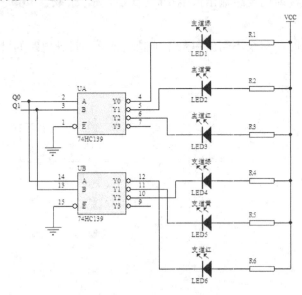

图 4.2.14　用译码器实现的电路图

3．LED 的驱动形式

（1）LED 驱动电路设计时的注意事项

① 选用的 LED 不同，其工作电压、电流不同，需要查一下相关参数。常用的 Φ5 圆形发光二极管，工作电压在 1.8～2.5V 之间，工作电流为 10mA 左右，Φ3 圆形发光二极管的工作电流为 5mA 左右。

② 明确采用高电平驱动，还是低电平驱动形式。高电平驱动是集成电路输出高电平时，点亮 LED 的方式；低电平驱动是集成电路输出低电平时，点亮 LED 的方式。74LS 系列门电路的高电平输出电流（I_{OH}）值比低电平输出电流值（I_{OL}）小，所以建议采用低电平驱动形式。

③ 任何时候数字集成电路的驱动电流都应大于实际 LED 工作时所需要的电流值，如果不能满足，需要查阅器件手册，考虑选用驱动电流大的电路。也可以使用集电极开路门电路、加限流电阻、高电平驱动方式。

④ 必须在 LED 中串接限流电阻 R。

电路形式如图 4.2.12、图 4.2.13 所示。

（2）限流电阻的计算

① 高电平驱动计算公式为

$$R = \frac{U_{\text{OH}} - U_{\text{D}}}{I_{\text{D}}} \tag{4.2.6}$$

其中，R 为限流电阻，U_{OH} 为集成电路输出端的高电平输出电压值，选取手册中的典型值或者用 VCC 代替。U_{D} 为二极管的工作电压，可查阅手册，也可以用经验公式，取 1.8～2.5V，I_{D} 为二极管的工作电流，Φ5 发光管取 8～10mA，Φ3 发光管取 5～7mA。

② 低电平驱动计算公式为

$$R = \frac{\text{VCC} - U_{\text{D}} - U_{\text{OL}}}{I_{\text{D}}} \tag{4.2.7}$$

其中，R 为限流电阻；U_{OL} 为集成电路输出端的低电平输出电压值，选取手册中的最大值 U_{OLMAX} 或者取 0V 即可；U_{D} 为二极管工作电压；I_{D} 为二极管工作电流。

③ 上拉电阻的计算方法

根据实际工作电流的流向，列回路方程，求限流电阻即可。

任务 5：时间显示单元电路

1．七段发光 LED 数码管

LED 数码管是较为常用的数字显示器件，分共阴和共阳两种。图 4.2.15 为共阴和共阳数码管的内部电路，COM 是公共端。图 4.2.16 为七段数码管的外部引脚图。

每个 LED 数码管可用来显示一位 0～9 十进制数和一个小数点（dp 端）。小型数码管（0.5 寸和 0.36 寸）每段发光二极管的正向压降，随显示光（通常为红、绿、黄、橙色、蓝）的颜色不同略有差别，通常约为 2～2.5V，每个发光二极管的点亮电流在 5～10mA 之间。LED 数码管要显示 0～9（BCD）码所表示的十进制数字就需要有一个专门的译码器，该译码器不但要完成译码功能，还要有一定的驱动能力。

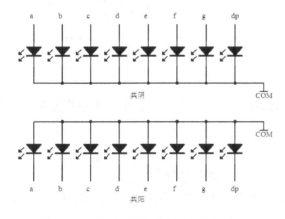

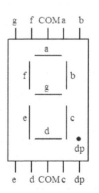

图 4.2.15　共阴、共阳数码管内部电路　　　图 4.2.16　七段 LED 数码管外部引脚

2. 七段译码/驱动器

此类译码器型号有 74LS47（共阳）、74LS48（共阴）、CD4511（共阴）等。CD4511 是 BCD—七段锁存/译码/驱动器,可驱动共阴极 LED 数码管,其功能表如表 4.2.7 所示。

表 4.2.7　CD4511 功能表

输　入							输　出							显示字形
LE	BI′	LT′	D	C	B	A	a	b	c	d	e	f	g	
×	×	0	×	×	×	×	1	1	1	1	1	1	1	8
×	0	1	×	×	×	×	0	0	0	0	0	0	0	消隐
0	1	1	0	0	0	0	1	1	1	1	1	1	0	0
0	1	1	0	0	0	1	0	1	1	0	0	0	0	1
0	1	1	0	0	1	0	1	1	0	1	1	0	1	2
0	1	1	0	0	1	1	1	1	1	1	0	0	1	3
0	1	1	0	1	0	0	0	1	1	0	0	1	1	4
0	1	1	0	1	0	1	1	0	1	1	0	1	1	5
0	1	1	0	1	1	0	0	0	1	1	1	1	1	6
0	1	1	0	1	1	1	1	1	1	0	0	0	0	7
0	1	1	1	0	0	0	1	1	1	1	1	1	1	8
0	1	1	1	0	0	1	1	1	1	0	0	1	1	9
0	1	1	1	0	1	0	0	0	0	0	0	0	0	消隐
0	1	1	1	0	1	1	0	0	0	0	0	0	0	消隐
0	1	1	1	1	0	0	0	0	0	0	0	0	0	消隐
0	1	1	1	1	0	1	0	0	0	0	0	0	0	消隐
0	1	1	1	1	1	0	0	0	0	0	0	0	0	消隐
0	1	1	1	1	1	1	0	0	0	0	0	0	0	消隐
1	1	1	×	×	×	×	锁　存							锁存

图 4.2.17 为 CD4511 引脚,引脚说明如下:

① A、B、C、D:BCD 码输入端;

② a、b、c、d、e、f、g:译码输出端,输出"1"有效,用来驱动共阴极 LED 数码管;

③ LT′ 测试输入端:LT′="1"时,译码输出全为"1";

④ BI′ 消隐输入端:BI′="0"时,译码输出全为"0";

⑤ LE 锁存端:LE′=1 时译码器处于锁存（保持）状态,译码输出保持在 LE =0 时的数值,LE =0 为正常译码;

⑥ 电源端:16 脚和 8 脚接工作电压,16 脚接 VCC,8 脚接地。

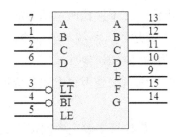

图 4.2.17　CD4511 引脚

3．电路连接方式

将减法计数器的输出 Q3、Q2、Q1、Q0 对应接到 CD4511 的 D、C、B、A 端，其他连接方法参考图 4.2.18。CD4511 接工作电压的两个接线端未画出，实际连线时必须接上。本任务需要 4 套这样的电路，不需要显示小数点，所以 dp 端接地。

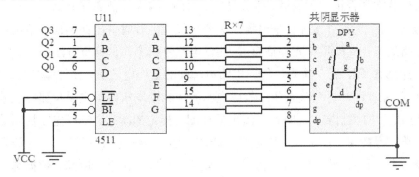

图 4.2.18　七段数码管的连接方式

任务 6：其他电路

本节的设计要求具有手动设置主干道通行、支干道停止的功能，以满足特殊要求。在系统复位时，即已实现。

4.2.5　安装调试

在设计电路的过程中，为了提高设计效率，及时调整电路参数和改变电路形式，可以进行软件仿真，但是最终应以实际电路的形式展现出来，否则永远是纸上谈兵。实际电路形式就是将各部分电路焊接在电路板上，接通电源后，能够按照设计目标正确运行。电路板焊接后，电路调试是必不可少的环节，调试方法主要有以下几个主要步骤。

1．未接电源前的检查

准备好一份系统原理图，在系统板的调试过程中，可用于对出现的故障进行分析，有助于对电路中各部分的连接关系、信号的走向、各点的状态进行判断。未通电前的检查主要包括：

① 本设计只有一组 5V 电源，在不接稳压电源的情况下，利用万用表的测二极管挡位，检查电路板上 5V 电源与接地线（系统零电位参考点，5V 电源的另一端）是否有短路现象，短路时，万用表内的蜂鸣器鸣叫；

② 检查每个集成电路中工作电压端是否与电源连接正确，是否有将电源端接反的情况，是否有未连接的情况；

③ 如果电路中有电解电容，需检查电解电容的极性是否接反；

④ 有无虚焊、漏焊、错焊；

⑤ 一切无误后，调节好稳压电源输出值，连接系统板电源连线，准备通电。

2．静态测试

静态测试是指接通电源但不接入任何信号的情况下，或者数字电路中各点状态固定不变的情况下，利用万用表直流电压挡测量集成电路的各点直流电压值，从而判断集成电路的工作状态是否正常的测试。本设计中，系统通电后，正常工作时，只有时基电路产生 1Hz 信号，无须外接任何信号源，因此可以先断开时基电路的信号输出，或者取下时基电路的芯片（如果有元件插座），让该电路停止工作。检查方法如下：

① 对照原理图，逐个检查各集成电路电源端的工作电压值，允许偏差在±5%以内。

② 对照原理图，逐个检查各个集成电路的控制端电压值，主要是那些直接连接到电源和"接地"的控制端，判断是否满足原理图上标定的状态。集成电路控制端指计数器的使能端、保持端、清零端、置数端，线译码器（2-4 线、3-8 线、4-16 线等）的使能端，显示译码器的使能端、亮灯测试端、消隐控制端、锁存控制端，数据选择器的使能端等。这些端口的状态会直接影响集成电路的功能，从而影响整个系统的工作。

③ 对照原理图，逐个检查各个集成电路中一些固定接到电源或"地"的端口电压值，如数据选择器的部分数据输入端 I_i、集成计数器的预置数输入端 P_i，数码管的公共端。判断是否满足原理图上标定的状态。

以上 3 个步骤应该在检查任一个集成电路时，一次性完成，既节约了时间，还不易漏掉检查。有的电路板上焊接的是集成电路插座，也可以在不放置元件的情况下测试，测试完毕后再插上元件。

3．动态调试

动态调试指系统工作状态下的调试，需要借助仪器进行，在数字电路调试过程中，常用的是万用表、函数发生器、示波器，逻辑分析仪。万用表主要用于测直流工作电压，也可以定性测量 1Hz 方波信号的变化（不能测数据，只能看数值变化）。双路示波器适合观测信号波形。逻辑分析仪更适合同时观测多路信号波形和时序关系时使用。本设计的动态调试方法如下：按功能模块调试，效率高，可缩小检查范围；接入信号，观察运行结果，判断故障范围。发现问题时，应分析工作原理，判断故障并围绕故障点检查电路；排除故障时，采用逐步逐级按照信号走向检查的方法。在调试过程中，熟悉电路原理，掌握器件功能，并能借助原理图分析判断故障是十分重要的，主要步骤如下。

① 系统复位的检查：系统复位后，主干道时间显示 45，绿灯亮；支干道时间显示 50，红灯亮。如果有错，检查方法与静态测试方法一样，从故障电路开始，由后向前检查。检查相关电路各点的电压，判断器件的工作状态，排除故障。这一步调试好后，时间显示电路和 LED 显示电路基本正常。如果元件可以插拔，可取下减法计数器和状态计数器，将显示数据人为接（在计数器元件插座上，用短接线插接）到时间显示电路和 LED 显示电路中，观察显示结果。

② 置数控制电路的检查：检查工作电压为 5V，检查控制电压（使能端）为 0V，分别给定选择端 S1、S0 状态为 00、01、10，在每种状态下测量选择器的输出是否是设计要求的输出。同时检查减法计数器预置数的数值是否按照设计要求给定。

③ 时基电路的检查：直接用示波器观测时基电路的输出波形。将波形送入系统中后，观察时间和 LED 的显示变化，出现问题时，需要检查计数器。

④ 计数器的检查：无论是减法计数还是加法计数，出现故障后先查工作电压，后查控制电压，再查信号的输入输出。查控制电压的目的是为了明确计数器是在计数、置数，还是清零状态下，保证工作状态正确。在计数状态，可以送入方波信号（本系统时基信号），观察计数器输出端有无变化，正常计数时，输出会随着输入脉冲的变化而改变。可用万用表电压挡测计数器输入端 1Hz 方波的变化，再测其输出端和变化，也可用示波器观察。

系统调试过程中，没有一种固定不变的模式，应在理解电路工作原理的基础上，采取相应合理的调试方法，要明确在被测或被调试电路中，应施加什么信号，观测什么结果。能够明确系统中每一根连线的作用，对系统调试和有效排除故障十分重要。

4.2.6 设计拓展

1．查找元件资料，设计电路，用仿真软件进行电路仿真。

2．驱动较大负载时，如灯、多个发光二极管组时，如何设计驱动电路？

3．电源如何设计？

4．如何减小环境温度的影响，提高时间精度？

5．开发一个可移动式十字路口交通灯控制器，将所设计的仅驱动单个红、绿、黄 LED 控制器电路，改为可同时驱动多个 LED 的实用物品。

4.3 竞赛抢答器设计

4.3.1 设计要求

设计一个三人抢答器，具体要求如下：

1．参赛者每人控制一个按键，通过按动按键发生抢答信号。

2．抢答器操作者持有另一个按键，用于系统复位和停止蜂鸣器鸣叫。

3．主持人发出"开始"指令后，由操作者启动时间计数和显示。抢先按动按键者，对应的发光二极管亮，蜂鸣器鸣叫，此时其他二人的按键对电路不起作用，时间计数和显示停止工作。

4．如果在主持人发出"开始"指令9s后无人按动按键，蜂鸣器鸣叫，表示超时，停止时间计数，时间显示为9s。此时任何一人的按键都不能起作用。

4.3.2　设计要点

在举办各类现场回答问题的知识竞赛中，为了判断参赛者回答问题的抢答次序，保证公平竞争，加强比赛现场的可观性，现场都安装有抢答器。利用纯硬件数字电路实现竞赛抢答器控制电路的设计，可以在学习中增加趣味性，同时可以培养学生综合运用所学知识、提高数字电路设计的能力。

本设计的核心是只能显示第一个抢答者的信息，并禁止任何人重复抢答。设计工作集中在三个方面，首先设计抢答电路，重点是工作可靠、避免误动作，避免同时出现两人以上同时抢答的现象；第二部分是时间计时和时间显示电路的设计，涉及集成计数器、译码器的使用；第三部分是控制电路的设计，包括按键电路、蜂鸣驱动等电路设计。

4.3.3　方案论证

方案1：基于单片机的控制方法

单片机比较容易实现抢答器功能，微控制器芯片外围电路只需要一些驱动电路、按键电路、时间显示电路、音响控制电路就可以了。控制逻辑、驱动信号的产生、时间产生与时间的显示译码、抢答按键动作状态等完全由编程实现，省去了大量的外围硬件电路。在电子系统设计中，通常遵循硬件简单、软件复杂，软件简单、硬件复杂的设计规律。所以单片机控制方法需要编程，以实现硬件电路的部分功能，比如按键判断与按键禁止子程序、定时子程序、时间显示驱动程序、声音产生的控制、代表每位参赛者抢答成功所对应的灯的亮灭等程序，甚至还可以增加一些新功能。

方案2：基于CPLD/FPGA的控制方法

在数字电路设计中，基于CPLD/FPGA的实现方法也是比较简单的，其外围电路的复杂程度与用单片机实现的方法相同，设计过程可以采用两种形式，一种是利用编程语言（如VHDL）实现相关的功能，类似单片机编程；另一种是利用原理图实现设计，类似数字电路中的硬件电路设计。无论采用哪种方法，都需要定义逻辑器件的输入、输出引脚位置，确定引脚位置和作用后，进行编译、下载，与外围电路连线。与单片机一样，基于CPLD/FPGA的使用，需要自己的工作环境和专用软件。

方案3：数字硬件电路设计方法

硬件电路的构成如图4.3.1所示，由抢答触发电路、抢答显示电路、按键电路、振荡器电路、逻辑控制电路、时间计数显示电路、蜂鸣器驱动电路组成。抢答触发电路由触发器构成，完成状态转换功能；抢答显示电路就是发光管显示电路，哪一组抢答有效，其对应的发光管点亮；按键电路由系统复位键、抢答键及相关元件组成，复位作用能够同时使蜂鸣器停叫、时间计数器清零、计时显示为 0；振荡器电路主要用于产生 1Hz 基准脉冲和 10kHz 左右抢答触发脉冲；时间计数、显示电路由计数器构成，用于对秒脉冲计数，计数输出经显示译码、驱动七段 LED 数码管显示时间；蜂鸣器驱动电路用于报警，表示产生抢答或时间到。

方案点评

上述三种方案，最简单的仍然是第一种方案，电路最复杂是第三种方案。对于电子设计类工程技术人员而言，模拟和数字电路的设计是电子设计中非常重要的基础内容，解决一个实际问题时，并非所有内容都需要用单片机或 CPLD 实现，如果只需解决一个用几个元件就可以解决的电路问题，还要用单片机或 CPLD 实现，不考虑成本，就不是一个很好的设计者。有时需要根据设计的要求、内容、成本来决定采用哪种形式的电路或混合使用它们。为了达到训练目的，本设计采用硬件电路设计方法实现竞赛抢答器设计。

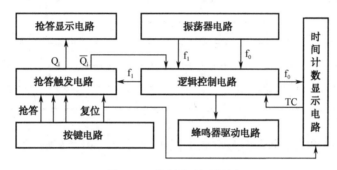

图 4.3.1　抢答控制器框图

4.3.4　方案设计

任务 1：抢答触发电路

抢答触发电路的功能是在抢答前输出一种状态；有抢答时输出转换为另一种状态，并驱动 LED 点亮。触发器具有两个稳定的输出状态，而且输出状态之间可以变换，所以可以使用触发器实现这种功能。触发器有 RS、D、JK 等多种形式，触发方式有电平触发、边沿触发，边沿触发中又分为上升沿和下降沿触发。在使用触发器的时候，可以参考所使用的触发器手册及手册中的功能表，清楚其所有引脚的功能。对于初学者，更喜欢使用引脚少的 D 触发器，其实 JK 触发器的引脚多一个，看上去功能较复杂，但使用更加灵活。74 系列（74\74LS\74HC\74HCT）触发器包含 74LS73、74LS74、74LS76、74LS112、74LS113 等多种型号的 D 和 JK 触发器，CD4000 系列中也包含 CD4027B、CD4042B、CD4043、CD4095 等多种触发器。本设计选用比较通用和常见的 74LS112 双 JK 触发器，其触发方式是下降沿触发，引脚参考图 4.3.2。触发器功能参看表 4.3.1。

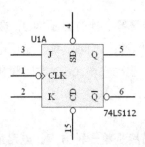

图 4.3.2　74LS112 中 JK 触发器逻辑符号

表 4.3.1　JK 触发器功能

复　位	置　位	输　入		触　发　端	输　出		状　态
SD	CD	J	K	CLK	Q	Q′	
0	1	X	X	X	0	1	置位
1	0	X	X	X	1	0	复位
1	1	0	0	↓	$Q_{n+1}=Q_n$		保持不变
1	1	0	1	↓	$Q_{n+1}=0$		与 J 一致
1	1	1	0	↓	$Q_{n+1}=1$		与 J 一致
1	1	1	1	↓	$Q_{n+1}=Q_n′$		翻转

X 表示任意状态

利用 74LS112 实现的抢答触发电路如图 4.3.3 所示，但不是唯一的设计，工作过程如下。

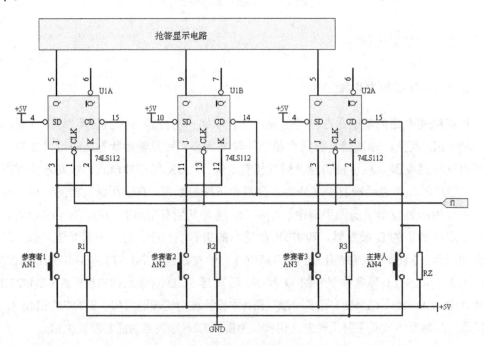

图 4.3.3　抢答触发电路

（1）系统复位：利用触发器复位功能，当主持人（实际是由一个操作者控制）按下复位按钮 AN4 时，三个触发器的复位 CD 端（15、14 脚）均为逻辑"0"，触发器 Q 端（5、9 脚）输出为"0"，抢答器显示电路中的 LED 全灭。

（2）状态保持：当主持人松开复位按钮，Q 端输出保持不变，理由是所有触发器的 J、K 端经过电阻接地，逻辑电平为"0"。注意：设计时选择合适的电阻阻值（后面介绍），保证 J、K 端为逻辑"0"电平。当 JK 为 00 时，无论触发器 CLK 有无脉冲 f1，触发器的输出保持不变。

（3）产生抢答，状态翻转：当参赛者中任意一人按下抢答按钮后，使得相应的触发器 JK 端为 11，此时，只要 CP 端存在触发脉冲，触发器 Q 端就会由 "0"变为"1"，相应的 LED 点亮。

触发器输出由"0"变"1"的方式很多，例如，利用置位的方法，利用当 JK 为 10 时，然后在 CP 端产生触发脉冲的方法，利用抢答信号当作触发器的 CP 脉冲信号等，都可以让触发器 Q 的状态由"0"变"1"，设计方案的不同，电路形式也会不同。

设计要求当触发器改变输出状态后，其他参赛者或者抢答者本人再按下抢答按钮时，所有触发器的状态不能再改变，本案例解决办法是控制触发脉冲 f1。

任务 2：抢答显示电路

抢答显示电路就是 LED 显示电路，在 4.2.4 节的任务 4 中已有介绍，本节将较为详细地对 LED 显示电路进行分析和设计。许多初学者在驱动一个负载时，从不考虑数字集成电路的带负载能力，原理图上一个门电路可以带任意负载，这是一种错误的设计，可能会引起实际电路运行的误操作。在图 4.3.4 中，图（a）、（b）是 74LS04 或 74LS112 驱动 LED 的电路，如果 LED 工作电流是 10mA，则图（a）不合适，理由是高电平驱动电流 I_{OH} 最大值为 0.4mA；图（b）稍差，因为低电平驱动电流 I_{OL} 的最大值为 8mA，略少于 10mA，如果 LED 工作电流定为 8mA（亮度稍暗），则低电平驱动可行。合理的方法是选用驱动电流大的器件，74LS06 是集电极开路门电路，它的高电平驱动电流是电源经上拉电阻提供给 LED 的，而低电平驱动电流 I_{OL} 的最大值为 40mA，大于 LED 工作电流 10mA，所以图（c）、（d）都可行。74LS112/74LS04 和 74LS06 的部分特性参数见表 4.3.2 和表 4.3.3。

抢答显示电路是用 JK 触发器输出信号驱动 LED 显示的电路，可以用数字电路器件驱动，也可以用三极管驱动，无论采取什么形式，都要保证产生抢答时，LED 点亮，反之，LED 灭。

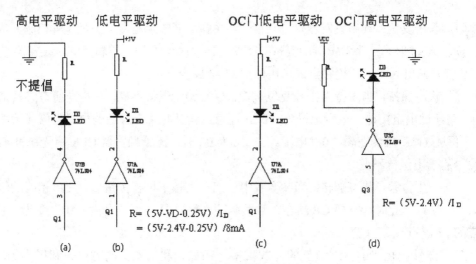

图 4.3.4　发光二极管显示电路

表 4.3.2　74LS112/74LS04 部分参数

参　数	最　小　值	典　型　值	最　大　值	单　位
I_{OH}			−0.4	mA
I_{OL}			8.0	mA
I_{IH}			20～40	μA
I_{IL}			0.4～0.8	mA
V_{IH}	2.0			V
V_{IL}			0.8	V
V_{OH}	2.7	3.5		V
V_{OL}		0.25	0.4	V

表 4.3.3　74LS06 部分参数

参　数	最　小　值	典　型　值	最　大　值	单　位
I_{OL}			40	mA

任务 3：按键电路

按键电路可以采取两种形式，一种是按钮，另一种是开关。在图 4.3.5（a）中，参赛者抢答按钮没有按下时，触发器 J 端为低电平逻辑"0"，此时该点电压应小于器件手册上给出的低电平输入电压 V_{IL} 的最大值 0.8V（参看表 4.3.2），而实际流过电阻 R_1 的电流为低电平输入电流 I_{IL}，手册中给出的值为 0.4～0.8mA，取最大值 0.8mA，电阻 R_1 的取值为

$$R_1 \leq \frac{V_{ILMAX}}{I_{ILMAX}} = \frac{0.8(V)}{0.8(mA)}$$

如果电阻 R_1 取值过大，就会产生错误逻辑状态，无论参赛者是否按压按钮，触发器都会翻转，系统无法正常工作。对于 CMOS 器件或者 74HC 系列器件，该电阻的取

值影响不大，因为这些器件的低电平输入电流几乎为 0。

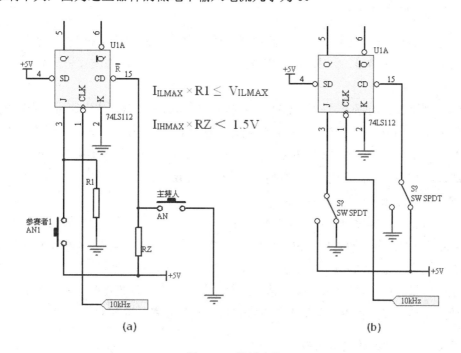

$$I_{\text{ILMAX}} \times R1 \leqslant V_{\text{ILMAX}}$$

$$I_{\text{IHMAX}} \times RZ < 1.5V$$

图 4.3.5　按键电路

按照设计要求，图 4.3.5（a）中主持人复位按钮没有按下时，触发器复位端 CD 的输入状态为高电平逻辑"1"，CD 端实际电流由电源经电阻 R_Z 流入，该电流是手册上的参数 I_{IH}（20～40μA），手册上该点允许的高电平输入电压 V_{IH} 的最小值是 2.0V，为了提高设计要求，规定高电平输入电压的最小值是 3.5V（比 2.0V 高），在 5V 工作电压下，允许电阻 R_Z 的压降只有 1.5V，所以 R_Z 的取值为

$$R_Z \leqslant \frac{1.5(\text{V})}{I_{\text{IHMAX}}} = \frac{1.5(\text{V})}{40(\mu\text{A})}$$

实际高电平电流没有 40μA，有的甚至只有几微安，R_Z 取值范围大，其大小变化时，对 CD 端的电压值影响不大。

所有按钮或开关，在断开和接触的瞬间都会产生抖动（触点瞬间闭合和断开现象），会产生高低电平交替变化的情况。这种抖动会影响数字电路的状态变化，所以通常按钮电路要加一个去抖动电路，在单片机应用中，一般采用硬件或软件去抖，硬件设计中只能采用硬件去抖方法，本设计复位按钮的抖动不会影响系统正常工作，故没有增加去抖；抢答按钮的抖动也不会影响系统工作，因为触发器触发翻转所需的触发脉冲来自振荡器产生的频率信号 f1，不是按钮产生的，而且这个振荡频率高于按钮发生抖动的信号频率。

利用单稳态电路可以克服按钮产生的抖动，如 74LS121 等单稳态器件、555 构成的单稳态电路、RS 触发器电路都可以去抖。

任务 4：振荡器电路

参考本书 4.2.4 节任务 1 中"时基电路"的内容，对振荡器电路进行设计。本案例中要求设计两个振荡器，分别输出频率为 1Hz 和频率为 10kHz 方波（矩形波也可以）。实现方法如下：

（1）利用 555 电路，分别设计两个不同输出频率的振荡器，占空比可自定；

（2）利用 CD4060、32768Hz 晶体振荡器、触发器（2 分频用），构建一个振荡电路，输出的波形都是方波。由于 CD4060 有多个输出端，可以利用某个输出端作为本设计中抢答触发脉冲 f1 的输出，输出频率不一定非要 10kHz；

（3）其他方法。

为了避免多人同时抢答，抢答触发脉冲 f1 的频率不能太低，如果低至 1s，在周期为 1s 的范围内，多人同时按压抢答按钮的可能性是存在的，为保证不出现这类情况，将 f1 的频率设定到 10kHz，周期为 0.1ms，这么短的时间内，很难有 2 个人能够同时有效按压抢答键。f1 的频率未必越高越好，要看数字电路器件延迟时间及工作频率的指标要求，在避免多人抢答的前提下，选择较低的抢答触发脉冲频率，可减小干扰。

任务 5：时间计数显示电路

时间计数显示单元电路由计数、显示译码\驱动、数码显示器构成，主要完成的功能是对时基信号"秒脉冲"进行计数并显示，同时受到复位信号的控制，计数器允许（未发生抢答）或禁止（发生抢答、时间到）计数的控制。其电路形式之一如图 4.3.6 所示。其中复位信号接到计数器的"清零端"，低电平有效清零。计数器的起、停控制通过对秒脉冲的控制实现，有则计数，无则停止。但这不是最简单的方法，因为需要增加控制秒脉冲的电路。请仔细查阅所用集成计数器的资料，考虑如何简化？为什么不选择74LS161\162\163？当计数器输出到 1001（十进制 9）时，进位信号 TC（15 脚）输出为"1"，其他输出状态下为"0"，该信号可用于控制触发脉冲 f1，实现 9s 计时到，不允许抢答及使蜂鸣器鸣叫的功能。

计数器的输出直接接到显示译码电路中，驱动 LED 七段数码显示器。相关电路可参考 4.2 节中数码显示的内容，此处不再介绍。

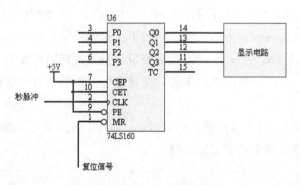

图 4.3.6　时间计数显示电路

任务 6：逻辑控制电路

本案例中需要的控制有：①系统复位控制；②对触发器 CP 端触发脉冲 f1 的控制；③对时间计数脉冲 f0 的控制；④对蜂鸣器的控制。下面介绍其控制方法与设计思路。

1．系统复位电路

系统复位信号同时接到 3 个抢答触发器的复位端，接到时间计数器的清零端。当复位按钮按下时，产生低电平，所有触发器 Q 端输出为 0，计数器输出也为 0，数码显示为 0，关闭蜂鸣器；当复位按钮抬起，系统开始工作，计数器计时，显示时间。

设计电路必须考虑使用情况，实际上，主持人不可能边主持边操作抢答器，应该由后台另一个人控制抢答器工作，所以复位按钮可以换成复位开关，便于操作人员使用和控制。

2．触发脉冲 f1 控制

能对触发脉冲产生控制的有 4 个量，3 个是触发器 Q 端（或 Q′端）、另一个是计数器的进位端 TC，利用这 4 个变量作为控制电路的输入，而控制电路的输出 Y 接到一个二输入与门的输入引脚上，作为与门的门控信号。这个与门的另一个输入引脚接触发脉冲 f1，当 Y 输出为"1"时，表示无抢答和计时未到 9s，与门选通，其输出与 f1 相同，使触发器 CLK 端有脉冲；当 Y 为"0"时，表示有抢答和计时已到 9s，与门禁止，与门输出为"0"，触发器 CLK 端无脉冲。其逻辑关系如表 4.3.4 所示。

表 4.3.4　f1 控制电路逻辑关系

输　入　量				控制输出 Y
Q3	Q2	Q1	TC	Y
0	0	0	0	1
其他项				0

逻辑表达式为

$$Y=\overline{\overline{Q3}\,\overline{Q2}\,\overline{Q1}\,\overline{TC}}$$

根据逻辑表达式画出的电路如图 4.3.7 所示。

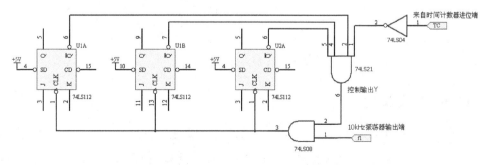

图 4.3.7　f1 控制电路

3．计数器起、停控制电路

控制计数器计数脉冲的有和无，就可以控制计数器的计数，控制方式也是通过一个二输入与门的门控作用实现，这个与门的一个输入引脚接秒脉冲，另一个输入端引脚接上述控制电路输出端 Y。当 Y 输出为"1"时，与门选通，其输出与秒脉冲 f0 相同，计数器可以计数；当 Y 为"0"时，表示有抢答和计时已到 9s，与门电路禁止，与门输出为"0"，计数器停止计数，计数输出保持不变，电路如图 4.3.8 所示。

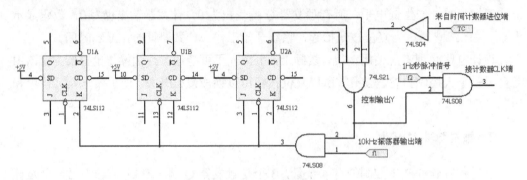

图 4.3.8　加入计数器启停控制

4．蜂鸣器控制电路

利用内部带有振荡的有源蜂鸣器，给定一个固定的直流电压，蜂鸣器就会鸣叫，可选 3V 或 5V 的蜂鸣器，本设计选用的是 THD 生产的 3V Φ12mm 蜂鸣器。蜂鸣器的工作状态与计数器的工作状态相反，计数器计数时（Y=1），表明还没有发生抢答，计时也没有到 9s，此时蜂鸣器不发声（逻辑"0"）；计数器停止计数时（Y=0），发生抢答或计时到 9s，蜂鸣器发声（逻辑"1"）。考虑到用低电平驱动方式，并且避免影响前级电路的工作状态，所以增加了两个非门，控制电路如图 4.3.9 所示。

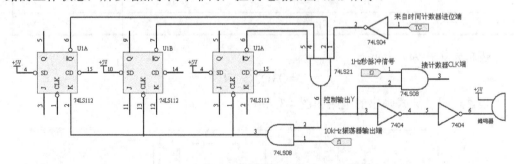

图 4.3.9　加入蜂鸣器控制

4.3.5　安装调试

调试方法大同小异，首先应准备好一张原理图，最好是打印出来，便于调试、检查。应读懂原理图，弄清每一根线的作用，熟悉所用器件，特别是熟悉集成电路的引脚功能。

如果记不住，可以将它们的功能表写下来或打印出来，当然在电脑中直接查阅也可以。下面介绍调试的步骤。

1. 断电检查

① 利用万用表，检查系统电路中+5V与"地"是否短路。

② 检查所有集成电路的工作电压端有无错焊、漏焊现象。检查方法是测量这些端与+5V或与"地"的连接情况。

③ 集成电路中其他固定接+5V或"地"的引脚连线是否正确，测量方法同上。这一步也可以在系统通电后，用直流电压挡测量电压的方法判断。

2. 通电检查

按功能模块、分单元调试的方法，在调试过程中以单元电路中的集成电路芯片为核心，按照先测工作电压，再测控制端电压，最后测信号输入的原则进行。首先断开蜂鸣器连线，接入5V电源，并按下列步骤进行调试。

① 检查振荡电路有无输出。用示波器观测10kHz f1与1Hz f2的输出波形，若无波形，则需要检查这部分电路的各点电压及连线，排除故障，直至正常工作。

② 检查复位功能。按压"主持人"复位键，抢答显示电路中的LED应为熄灭状态，计数器清零，时间显示值应为0。

③ "抢答触发电路"检查。按压"主持人"复位键，用万用表测量触发器Q端电压，输出状态应为0～0.3V（记做"0"）。如果不正确，应测量触发器工作电压端的实际电压值；测量触发器置数端工作电压；测量复位CD端在复位情况下的电压（应为"0"）。触发器Q端的输出应为"0"，抢答显示电路中的LED为熄灭状态。

按压"主持人"复位键，在"时间计数显示电路"未记到9时，用示波器观测每个触发器的触发输入端（CLK），如果没有10kHz振荡信号，应检查触发脉冲控制电路。检查触发控制电路的方法是利用万用表电压挡，测量四输入与门的工作电压；测量四输入门的输入状态（都应为4～5V，记做"1"），哪个不正确就顺着信号来源往下查，最终源头分别是触发器的三个Q′端和计数器的进位端TC，在系统复位时，除TC为"0"外，其他都应该为"1"。

当上述3项工作正常，先按"主持人"复位键，后按"参赛者"抢答键，正常情况下，触发器输出状态翻转，抢答显示电路中的LED为点亮状态。反之，检查按键电路，检查JK端的状态（抢答键未按下状态、按下状态），检查触发器输出状态是否翻转为"1"。

④ "按键电路"检查。用万用表电压挡测量触发器的JK端电压值，分别按压"参赛者"抢答按钮，状态应按照设计要求有所变化。

⑤ "抢答显示电路"检查。如果触发器输出状态是"1"，抢答显示电路中的LED不亮，检查抢答显示电路。

⑥ "时间计数显示电路"检查。系统复位时，时间计数显示为0，如果不正确，应检查计数器工作电压，检查计数器清零端电压（为"0"），检查计数器输出端电压（为

"0000"），检查所使用的显示译码器电路，检查 LED 七段数码管的引脚及公共端。

系统复位后，计数器应该计数，时间显示变化。否则，检查计数器控制端电压（CET\CEP\PE\MR），检查计数器 CLK 端有无计数脉冲，计数控制电路输出有无脉冲，用万用表测量计数控制电路中控制门与门的工作电压，输入端控制电压是否正常。

计数器记到 9，应停止计数，反之，检查控制电路，包括四输入与门的输出状态（为"0"），门控电路与门的输出状态（为"0"）。

⑦ "蜂鸣器控制电路"的检查。用万用表电压挡测量"蜂鸣器控制电路"的输出端（非门 6 脚）电压，按照原理，抢答发生或计数到 9s，输出为"1"，其他情况为"0"。检查 2 个非门的工作状态即可。

根据系统通电后的工作情况，如果某些功能正常，可以跳过相关检查步骤。

3. 运行检查

连接蜂鸣器，按照控制器的操作要求，试运行电路，观察运行结果。

4.3.6　设计拓展

1. 如何设计 3 人以上的抢答电路？
2. 一个 LED 的亮度有限，如何改进显示方式，使现场能够看到抢答响应？
3. 蜂鸣器声音太小，如何使现场能够听到抢答器发出的抢答音响？
4. 如何实现倒计时显示？
5. 如何实现可设置倒计时时间的功能？
6. 设计一个 6 人抢答器控制电路，并能够应用到知识竞赛现场。

4.4　数字温度计设计

4.4.1　设计要求

设计一个数字温度计，被测温度为 0～99℃，显示温度误差小于±1℃。

4.4.2　设计要点

温度是一个和人们生活环境有着密切关系的物理量。在工农业生产、科学研究以及日常生活中，都涉及温度的测量与显示问题。数字式温度计因测量准确、读数方便而得到广泛应用。

本设计任务主要涉及温度检测、数字量显示部分。前者涉及到温度传感器的选择、信号放大及转换电路的设计，后者涉及模拟量到数字量的转换、数字显示器的设计与实现等，因此，设计方案主要是围绕这两个主要任务寻找合适的解决途径。

4.4.3 方案论证

方案 1：基于单片机的测量与显示方法

单片机比较容易实现温度采集和显示功能，其构成框图（见图 4.4.1）中的传感器可将不同的温度量值转换为量值不同的电信号；调理电路对温度传感的输出信号进行放大，保证放大的信号满足 A/D 转换器需要的输入值范围；A/D 转换器可将模拟量转换为数字量，由控制器处理和计算，并显示被测温度值。目前有许多微控制器内部带有 A/D 转换功能，所以无须外接 A/D 转换器电路，可以有效简化电路、减小干扰；键盘电路可增设一些功能，如温度上、下限的设定，报警温度的设定等，甚至还可以根据需要，适当增加其他功能的电路，使系统功能更完善和强大。

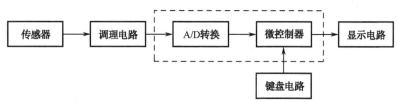

图 4.4.1　方案 1 框图

方案 2：基于 SOPC 的方法

在数字电路设计中，基于 SOPC 片上系统的实现方法也是可行的实现方法，SOPC 具有处理速度快的优点，内部可以实现任意的数字集成电路的功能，构成较完整的数字系统（见图 4.4.2）。用 SOPC 片上系统实现温度的采集和显示，其核心仍然是通过微控制器实现测量和显示，与单片机的区别是在 SOPC 上嵌入了一个微控制器的内核，相当于 SOPC 芯片就是一个微控制器。另外温度采集和显示的外围电路，如果含有数字电路部分，也可以同时利用片上系统的芯片实现，简化外围电路的复杂程度，降低布线引起的各种干扰。

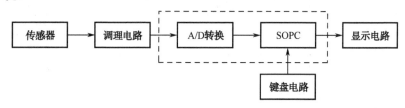

图 4.4.2　方案 2 框图

方案 3：数字硬件电路设计方法

硬件电路的构成如图 4.4.3 所示，由传感器、调理电路、A/D 转换电路、并行存储器电路、显示电路组成。实现原理是利用 A/D 转换器的数字量输出，作为存储器的地址，在不同的地址单元内存放所对应的温度值，实现温度的显示。实现过程为：某一温度对应某一电压；该电压值经 A/D 转换后对应一组二进制数字，该二进制数作为存储器的地址；在对应的地址单元中存放所对应的温度值，如果地址单元的字长为一个字节，分别以 BCD 码的形式存放表示十位和个位的温度值；存储器输出可经译码显示电路，驱动 LED 数码管，显示温度值。

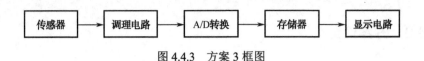

图 4.4.3 方案 3 框图

方案点评

上述三种方案中，方案 1 电路简单，功能灵活，稍加部分外围电路，并通过编程，可以增加一些功能，有一定的发挥空间。方案 2 功能强，外围电路简单，同样可以完成方案 1 所具有的一切功能，但成本稍高，也需要编程实现。如果只需要完成设计要求中的功能，方案 3 的电路最为简单，成本居中，功能单一，无须过多编程。因此，选择方案 3 的实现方法。

4.4.4 方案设计

任务 1：传感器电路

温度传感器种类很多，例如热敏电阻（非线性）、电流型温度传感器 AD590（输出与绝对温度成线性关系）、集成温度传感器 LM35 等，针对本设计任务的要求，选用温度传感器的原则主要从传感器是否满足精度要求、电路实现是否简单容易、使用是否方便等几个方面考虑。本设计选用了集成温度传感器 LM35。

集成温度传感器 LM35 的直流工作电压为 4～20V；温度测量范围为-55～150℃，输出电压与摄氏温度成线性正比关系，变化为 10mV/1℃；最大误差为±0.8℃，常温下典型温度误差为±0.4℃，满足设计误差小于±1℃的要求。LM35 所需外围元件少，电路实现容易，有两种工作模式，如图 4.4.4 所示，输出电压与温度关系如表 4.4.1 所示。由于测量的温度范围为 0～99℃，可采用单电源模式的电路形式。

表 4.4.1 不同模式下输出电压与温度关系

	被测温度/℃	输出电压/mV
单电源模式	0	0
	100	1000
双电源模式	−55	−550
	25	250
	150	1500

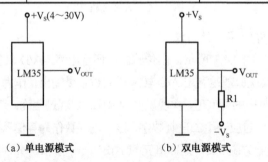

（a）单电源模式   （b）双电源模式

图 4.4.4 LM35 的工作模式

任务 2：A/D 转换电路

A/D 转换器有积分型、逐次渐进型、并行比较型、Δ–Σ 型、压频转换型等多种形式。主要区别是在转换速度和分辨率上的不同。A/D 转换电路的作用是将输入模拟量转换为数字量，在选用 A/D 转换器时，应考虑 A/D 转换器的分辨率、转换速率、量化误差、线性度。由于是对变化缓慢的温度进行测量，因此转换速率不是本次需要考虑的重点。只需要满足一定的分辨率、量化误差和线性度即可。

本设计选择常用的 8 位逐次渐进型 A/D 转换器 ADC0809，该转换器具有 8 路模拟量输入，其工作电压为 5V，分辨率为 8 位，转换误差为 ±1LSB。转换时间取决于芯片的时钟频率，频率越高，转换时间越短，推荐的最高时钟频率为 500kHz，转换时间为 128μs。ADC0809 模拟输入单极性电压范围为 0～5V，如果基准电压 $V_{REF}+$ 取 5V，$V_{REF}-$ 取 0V，则当输入电压为 0V 时，A/D 转换输出结果为二进制 00000000；输入电压为 5V 时，A/D 转换输出结果为二进制 11111111。

设计要求被测温度范围为 0～99℃，误差小于 ±1℃，温度传感器在测量范围内的输出电压为 0～990mV（相当于 1 mV /0.1℃），8 位 A/D 转换器可分辨的电压值为

$$\frac{1000(\text{mV})}{2^8 - 1} = \frac{1000(\text{mV})}{255} = 3.92(\text{mV})$$

上式说明，0.4℃ 的温度变化可以引起 A/D 转换的输出改变 1LSB，所选用 A/D 转换器 8 位的分辨率和转换误差基本满足对测量精度的要求，电路如图 4.4.5 所示。如果需要更高的分辨率，进一步减小测量误差，可以选用 10 位的 A/D 转换器。

在图 4.4.5 中，A/D 转换器 12 脚接 5V 基准电压，也可以直接连接系统电路中的 5V 工作电压。10 脚处引入 100kHz 方波，需自行设计该电路。

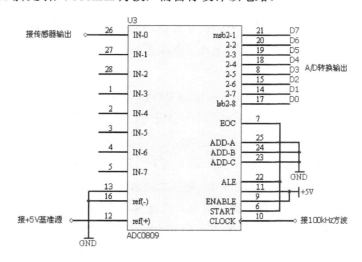

图 4.4.5 A/D 转换电路

任务 3：调理电路

由于温度传感器的输出信号较小，无法满足 A/D 转换器对输入电压的要求，因此

要对传感器输出信号进行放大、定标，以适合进行 A/D 转换。调理电路（见图 4.4.6）的作用就是对传感器输出的模拟信号进行放大和定标。本设计中温度传感器的输出为 0～1V，A/D 转换需要的输入电压为 0～5V，调理电路电压放大倍数为 5 倍即可。为了减小放大电路引入的误差，应选用低温度漂移、低失调的集成运放（例如精密双极性运算放大器）。如果运放电源为单电源 5V，应选用输入输出为轨到轨（Rail to Rail）的运放（例如 OPA211、TI 的 CMOS 运放等），否则在接近 99℃时，会引起较大的测量误差。可以考虑引入零点调整、量程调整（增益调整）功能，以便于调节输出电压，使调理电路的输出真正对应在 0℃时为 0V 输出、100℃时为 5V 输出。

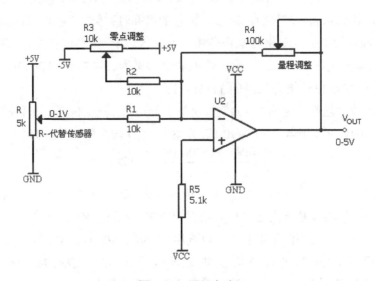

图 4.4.6　调理电路

实际选用了常用的集成运放 LM358，工作电压为单电源 5V，LM358 具有低输入偏流、低输入失调电压和失调电流、输出电压摆幅大的特点。如果输出达不到 5V，可以通过下述方法调整电路：

① 调整 A/D 转换器基准电压 V_{REF}+为 4.096V。可以选择一个 4.096V 输出的精密基准源，优点是保证基准电压稳定不变，提高转换输出的稳定性，避免基准源不稳定引入的测量误差；

② 调整调理电路的电压增益，使原来 5 倍的电压放大倍数减为 4.096 倍，当温度传感器为 100℃时，调理电路的输出为 4.096V，此时 A/D 转换输出为二进制数 11111111。

图 4.4.6 中的可变电阻 R 用于调试电路，代替温度传感器。调节该可变电阻，可改变运放输入信号的大小，使电压变化在 0～1V 之间，模拟温度传感器 0～100℃输出。最终用温度传感器替换。

任务 4：存储器电路

为了便于修改和调整存数的温度值，选用 EEPROM 电可擦除存储器，存储器电路如图 4.4.7 所示。将 A/D 转换器的 8 个数据输出作为地址，按照由低到高的次序，分别接到并行 EEPROM AT28C16（AT28C32、AT28C64B 均可）存储器低 8 位地址端，存储器多余的高位地址全部接地。在存储器低 8 位 256 个地址单元内分别写入所对应的温度值。每个单元的字长为 8 位，可将高 4 位表示十位的温度值、低 4 位表示个位温度值，并用 BCD 码表示。例如某存储单元存放温度值为 25℃，该单元从最高位开始，应写入 00100101。

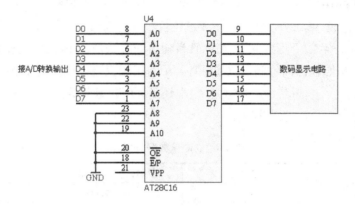

图 4.4.7　存储器电路

任务 5：译码显示驱动电路

将 A/D 转换器的高 4 位数据输出端作为温度显示的十位，低 4 位作为温度显示的个位，分别接到显示译码电路中，并驱动数码管。实现方法可参考"4.2.4　方案设计"中"任务 5"的内容。数码管驱动器件的允许输出电流应大于数码管工作电流。否则，需要接驱动电路，以满足 LED 数码管的工作电流需求。

4.4.5　安装调试

可采取在自制电路板或在多功能板上焊接元件的方法，将所有元件按照信号流向的顺序排布。注意先将模拟信号的地线与数字信号地线分开连接，最后用一条走线相连，并注意使地线宽一些，以减小接地电阻引起的干扰。电路连接后，首先检查电源连线是否正确，连线有无短路现象，有无错接、漏接。检查无误后，通电进行测试，主要是测量电源电压是否正常，基准电压是否正常。在电源正常的情况下，再进行电路调试。

1．调理电路的调试

①　调节可变电阻 R，用 3 位半万用表测量其中间滑动端的输出电压，使电压读数为 0V；

②　用万用表测量运放输出端，调节可变电阻 R3，使万用表读数为 0V；

③　调节可变电阻 R，用万用表测量其中间滑动端的输出电压，使电压读数为 1.000V；

④　用万用表测量运放输出端，调节可变电阻 R4，使万用表读数为 5V。

2. A/D 转换电路调试

A/D 转换输出数据（十进制）与模拟输入电压的关系为

$$D = \frac{255 \times V_i}{5} = 51V_i$$

其中，V_i 为运放输出电压，D 为十进制数值，应转换为二进制数。根据所给公式，求出一组数据，制成数据表格，用于实际测量比较。可多设几个点测试，较详细地反映实际转换效果，如表 4.4.2 所示。测量 A/D 转换输出的方法是，保持运放输出（即 A/D 转换输入）不变，按照输出高位到低位的顺序，用万用表直流电压挡测量 A/D 转换器的 8 个数据输出端电压，判断其输出状态是"1"还是"0"。理论误差小于 1 个字，实际运放输出为非轨到轨，也会引入误差。

表 4.4.2　测量数据表格

可变电阻输出电压/V	运放输出电压/V	A/D 转换输出（二进制）	实 测 数 据
0.000	0.000	00000000	
0.200	1.000	00110011	
0.400	2.000	01100110	
0.600	3.000	10011001	
0.800	4.000	11001100	…
1.000	5.000	11111111	

如果该部分电路工作不正常，应检查工作电压，各引脚的控制电压，检查方波输入、基准电压是否满足设计要求，检查 ADD-A、ADD-B、ADD-C 三个选择端的电压值。

3. 存储器调试

存储器单元中存放的温度值与存储器低 8 位地址（即 A/D 转换输出）的对应关系为

$$T = \frac{100C° \times 存储器十进制地址数}{255}$$

其中，存储器十进制地址数取值为 0～255，8 位二进制表示为 00000000～11111111。T 是对应地址中应该存放的温度值，该值为十进制数值，用两位 BCD 码表示，并存放在对应的地址中。计算出所有低 8 位地址中应该存放的数据后，利用编程器写入存储芯片。

在调试过程中，当 A/D 输出的值变化时，存储器输出应对应变化。如果没有变化，应检查存储器的工作电压和其他引脚的电压是否与设计图纸一致，逐一排查，直至正常。

4. 显示电路调试

显示电路可以单独调试，输入 BCD 码，观察数码显示结果，出现故障时，应检查各引脚电压，主要是电源引脚电压、各控制端（使能端、亮灯测试端、消隐端、锁存端、选通端、选择端等）引脚电压，以及检查数据输入、输出连线、LED 数码管的共阴极或共阳极连线。

4.4.6　设计拓展

1．在上述设计过程中，选择了 8 位分辨率的 A/D 转换器，为提高分辨率，需要重新设计电路，选用 10 位 A/D 转换器，温度测量范围仍然是 0～99℃，显示温度误差小于±1℃。

2．设计一个温度测量显示电路，温度范围为-30℃～120℃，显示温度误差小于±1℃。

3．A/D 转换器的分辨率与测量精度之间是什么关系？

4．如何提高对被测量信号的分辨率？

第 5 章　微控制器系统设计

本章简要介绍微控制器系统的组成与设计要点，给出"流水灯、温度监控和通信系统"三个任务，内容覆盖微控制器最小系统、人机接口、过程接口、通信接口等设计内容。三个任务各自具有一定的功能，既可以独立工作，也可以组合起来完成比较复杂的任务，体现了模块化的设计思路。在设计拓展部分，给出了一些提示，期望能扩展学生的知识面，加深对微控制器系统整体的认识和了解。

5.1　微控制器系统设计概述

5.1.1　微控制器系统的组成

本书中的微控制器系统，也可以称作嵌入式系统，泛指以微控制器、单片机、DSP、ARM 等器件为核心的电子系统，这些器件本质上属于计算机类器件，因此，微控制器系统的设计也就是计算机应用系统的设计，系统的组成与一般的计算机应用系统没有太大的差别，主要包括四大部分，即计算机最小系统，与服务对象交流信息的过程通道（过程接口），与人交流的人机接口以及与外部联络的通信或网络接口。

一个典型的微控制器系统的组成框图如图 5.1.1 所示。

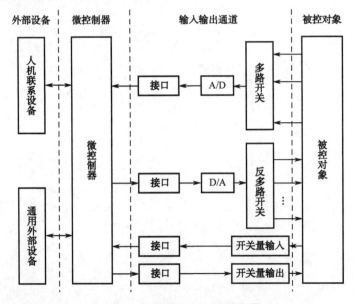

图 5.1.1　微控制器系统组成框图

微控制器是实现计算机功能的最小组合，一般由 CPU、存储器、时钟、I/O 接口等组成，它可以独立工作，也可以扩展其 I/O，以满足不同功能的需求。

过程通道（过程接口）则是计算机系统与服务对象（被控对象）交流信息的接口，一般有四种方式，实现模拟和数字信号的输入与输出，建立传感器和执行器与计算机之间的信息通道，也是系统设计的重要内容之一。

操作者与计算机的联系称作人机接口。人机接口是计算机与人之间交流信息的通道（接口），如键盘、显示器、打印机等与计算机连接的电路。

通信或网络接口是计算机系统与外部或远程计算机交流信息的通道，一般包括并行接口、串行接口和网络接口。

因此，微控制器设计的主要内容为：

- 微控制器的选择
- 人机接口
- 模拟量与数字量的相互转换
- 通信接口
- 系统与应用软件等

5.1.2　微控制器系统的设计

1. 设计要点

微控制器系统尽管也是一个计算机系统，但又不同于一般的计算机系统，主要体现在：所用核心器件是一个集成了 CPU、IO、存储器、时钟等的计算机系统，体积小；支撑的软件少，大多需要设计者开发，且必须与硬件配合，一般采用汇编语言编写；接口硬件一般不能太复杂，要求有较高的性价比。

① 微控制器。其设计的重点在于选择合适的核心器件。微控制器、单片机、DSP、ARM 这些器件有不同厂商制造的不同规格的产品可供选择，设计者可以根据使用需要、使用习惯、器件所含资源、开发工具等进行取舍。

② 过程通道（过程接口）。设计者要了解服务对象的需求与特点，然后选择合适的信息传递方式。

③ 与人交流的人机接口。主要涉及到键盘、显示器等，以简洁、方便、够用为原则。

④ 与外部联络的通信或网络接口。按照对外联系的要求，选择合适的类型。

2. 所用器件

在微控制器系统的设计中，器件的选择范围大、品种多，不同厂家、不同品种、不同系列、不同规格之间尽管功能相同，但细节上都有一定差异，配套的器件也不同。核心器件的选择对于系统的性能、开发周期、后期系统维护等有较大的影响，设计者需要综合评估各个主要器件的性能与资源，再根据应用需求和自己的兴趣特长，选择适合自已开发的器件，以保证设计效果和设计周期。

其他器件的选择随主要器件而变，尽量选择通用、容易得到的，品种、规格不要过多。

本书所采用的主要器件就是 51 系列单片机，主要是考虑到这款器件比较成熟，价格低，配套器件多，开发工具多，资料丰富，既便于初学者掌握，也便于激发设计者的兴趣。三个设计任务覆盖了最小系统、过程通道、人机接口和通信接口的全部内容，以培养和锻炼学生硬件设计、软件设计以及系统实现的能力。

5.2　键控流水灯设计

5.2.1　设计要求

利用微控制器设计一组按键控制的流水灯。要求使用按键控制一组 8 个流水灯的花样变化和速度变化，并能够利用按键控制系统的暂停和继续运行。同时设置显示器，显示跑动花样模式以及速度挡位。流水灯可按逐个点亮、逐个叠加、逐个递减、两边靠拢后分开、两边叠加后递减等花样控制。速度变化可分为 4 挡调节。

5.2.2　设计要点

本设计的要点是对微控制器的人机交互功能进行设计。人机交互接口，是指人和计算机之间建立联系、交流信息的有关输入/输出设备的接口。人机接口的主要任务就是将人的操作命令或数据信息通过键盘等发送给计算机，将计算机所采集到的数据或状态信息，通过显示器等提供给操作者，为操作者提供决策依据或支持。一个安全可靠的控制系统必须具有方便的交互功能，操作人员可以通过系统显示的内容，及时掌握生产情况，并可通过键盘输入数据，传递命令，对计算机应用系统进行人工干预，使其随时能按照操作人员的意图工作。

设计要求中包括了微控制器应用系统中基本的数据、命令输入，以及对信息的显示。在微控制器的应用中，按键是最常用的数据及命令输入设备；数码管是控制系统最常用的显示部件之一。本设计的主要目的是使学生能够掌握键盘和 LED 显示器这两种常用外设的应用。

5.2.3　方案论证

按照设计要求，使用按键控制流水灯的跑动花样和跑动速度的变化，并能够采用适当的方式显示出当前的花样模式及速度挡位。由于要显示的内容不是太多，故可以采用数字代码来表示，比如，有 5 种跑动变化花样，可分别设为花样模式 1~5，初始状态为全亮，模式为 0。速度挡位为 1~4 挡，分别对应跑动周期为 800ms、600ms、400ms、200ms。基于这样的分析，本设计显示部分可采用两位数字显示，一位显示花样模式，另一位显示速度挡位，显示器选择 LED 数码管。LED 数码管是由多个发光二极管组成的主动式发光显示器件，显示亮度高，有多种颜色可以选择，相对于 LCD 液晶显示器而言，数码管的使用成本更低，应用电路及程序设计更简单，适合数字和字母等字符型数据的显示。

键盘是若干按键的集合，是微控制器系统中最基本的输入设备。键盘分为编码键盘和非编码键盘两种基本类型。编码键盘内部配套有专用电路或单片机，接口简单，使用起来比较方便，但一般较昂贵。我们将重点放在对非编码键盘的讨论上，它只简单地提供键盘与控制器 I/O 口的物理连接，而按键的识别和键值的确定、输入等工作全部要依靠软件来完成。这种键盘虽然速度较低，使用相对较复杂，但它不需要专用电路，结构简单，成本低，因而得到了广泛的应用。非编码键盘通常的应用方式有两种：独立式键盘和矩阵式键盘。

方案 1. 采用独立式键盘

独立式键盘的各按键相互独立，每个按键的一端接到微控制器的一个输入线上，另一端接地，这是最简单的连接方法。每根输入线上按键的工作状态不会影响其他输入线上的工作状态。每个输入线都有相应的键位与其对应，按键编程比较容易实现。通过检测输入线的电平状态很容易判断哪个按键被按下了。

独立式按键的电路配置灵活，软件结构比较简单。对于这种键盘的程序可采用持续查询的方法实现，功能就是：检测是否有键闭合，如有键闭合，则去除键抖动，判断键值并转入对应的键处理程序；也可以采用中断的方法，所有按键通过与门电路连接到微控制器外部中断引脚上，当有按键按下时，触发一个外部中断，按键扫描程序在中断服务程序中运行，识别键值并转到对应键处理程序。

由于微控制器 I/O 口资源有限，因此能接入的独立式按键数量也就十分有限。当需要用到的按键比较多时，用独立按键反而会使电路结构以及操作变得复杂。故此种独立式键盘适用于按键较少或要求操作速度较高的场合。

方案 2. 采用矩阵式键盘

独立式键盘结构简单，每个按键占用一根输入信号线，当按键数目较少时，是一种不错的选择，但是，当需要的按键比较多时，独立式键盘占用硬件资源多的缺点就会显现出来，这时可以采用矩阵式键盘。矩阵式键盘是指按键按照 i 行和 j 列排列，这样共可排列 $i×j$ 个按键，但连接到计算机的输入线仅需要 $n=i+j$ 条，这种结构适合需要用到按键较多的场合。其优点是节省 I/O 端口，满足多按键的设计需求，操作也比较方便；缺点是在软件处理方面要比独立按键复杂。矩阵式键盘的电路原理如图 5.2.1 所示。

方案点评

根据设计要求，本设计中的按键可按以下方式安排：设置三个按键 K1、K2 和 K3，其中使用 K1 控制流水灯的花样变化；使用 K2 控制跑动速度的变化；使用 K3 控制启动和暂停。由于只需要三个按键，故独立式键盘就完全能够满足要求，且软、硬件实现起来都比较方便，故这里的按键输入方案选择三个按键组成的独立式键盘。

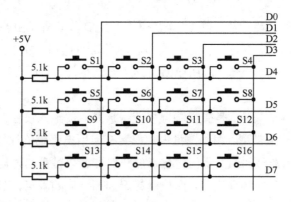

图 5.2.1　矩阵式键盘

基于以上对显示和键盘模块的分析，考虑系统硬件设计复杂性和软件设计复杂度的相关性，可采取的设计方案有如下两种。

方案 1：利用微控制器 P0 口连接 8 路流水灯，通过外接 1kΩ 上拉电阻增大 I/O 口驱动电流，提高 I/O 口的驱动负载能力。微控制器通过向 I/O 口输出高电平控制导通 LED 灯；P1 口连接独立式按键键盘；数码管显示的驱动方式采用共阴极数码管连接 74LS245 锁存器集成芯片驱动。设计方案结构框图如图 5.2.2 所示。

这一设计方案的硬件电路较简单，使用的集成芯片少，硬件成本低。在软件程序设计上稍复杂一些，数据的显示需要在软件中建立数据表，进而通过程序查表方式实现。

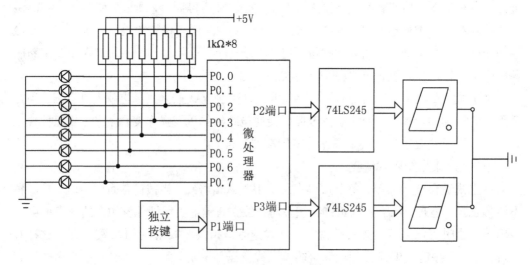

图 5.2.2　设计方案 1 结构框图

方案 2：利用微控制器 P1 口连接 8 路流水灯，通过集成锁存器芯片 74LS373 实现增大 I/O 口电流，提高驱动负载能力。I/O 口通过输出低电平控制导通 LED 灯；P0 口连接矩阵式键盘；数码管显示的驱动方式采用 CD4543 译码器集成芯片驱动共阴极数码管，该设计方案结构框图如图 5.2.3 所示。

在该设计方案下，利用集成电路译码器芯片驱动数码管，既能够实现增大 I/O 口驱动电流，增强驱动负载的能力，又能实现字符和数字的 BCD 译码，通过 BCD 码直接实现字符和数字的数码管显示，省略了在程序中建立表格和查表的操作，简化了程序的设计。该方案的硬件电路相对较复杂，使用的集成芯片数量更多，电路芯片的成本也更高，但软件程序设计更简单。

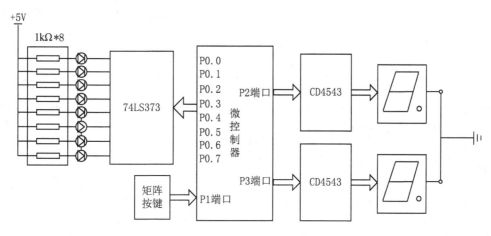

图 5.2.3　设计方案 2 结构框图

　　上述两种方案的工作原理基本相同，第一种方案的硬件相对简单而对软件设计要求更高，主要利用微控制器的控制能力实现设计目标，更强调对微控制器的应用训练，该方案成本也较低，在微控制器开发实际中应用较多；第二种方案的硬件设计功能更强，软件更简单。这里我们选择方案 1 来实现所要求的目标，该方案更能满足我们学习和训练微控制器应用的目的。

5.2.4　方案设计

任务 1：微控制器的选择

　　微控制器种类繁多，各种类别或型号的产品都有其存在的价值，设计者必须根据自己的应用环境，选择合适的类型。

　　微控制器选择的原则主要有以下几点：

　　1. 选择主流产品。主流产品一般用量大，货源充足，价格低；

　　2. 选择自己熟悉的产品。如果开发者对某一类型的产品熟悉，可以缩短开发周期，降低开发成本；

　　3. 选择合适的产品。不同的产品都有其特性，其指标也有差异，设计者应该选择最适合自己应用环境的产品；

　　4. 选择技术服务好的产品。不同企业的技术服务是有差异的，设计者尤其是初学者更要关心所选产品的企业能否提供有力的技术支持等；

　　5. 选择性价比高的产品。对于需要大量生产的产品，主要芯片的价格也是必须要考虑的重要因素；

　　6. 选择开发容易的产品。微控制器类系统的开发一般包括利用开发装置和在线编程等方式，

7. 选择合适的规格。同一型号也有不同的规格，配置也不相同，设计者需要选择能满足使用要求的规格。

设计者在选择器件时，需要参照以上几点原则，根据自己的实际情况和使用环境，确定合适的型号和规格。

表 5.2.1 为 Atmel 公司的 AT89 系列单片机的型号与指标。

表 5.2.1 AT89 系列单片机常用产品特性指标

系列	型号	片内 RAM 容量	片内 ROM 形式及容量		定时/计数器	中断源	并行口	串行口	工作频率（MHz）
			Flash ROM	EPROM					
低档	AT89C1051	64B	1KB	0	1×16	3	15	0	0～24
	AT89C2051	128B	2KB	0	2×16	5	15	UART	0～24
标准	AT89C51	128B	4KB	0	2×16	5	4×8	UART	0～24
	AT89C52	256B	8KB	0	3×16	6	4×8	UART	0～24
	AT89S51	128B	4KB	0	2×16+WDT	6	4×8	UART	0～33
	AT89S52	256B	8KB	0	3×16+WDT	6	4×8	UART	0～33
高档	AT89S8252	256B	8KB	2KB	3×16+WDT	9	4×8	UART	0～24

任务 2：独立式按键输入部分设计

1. 按键的检测

独立式按键电路比较简单，与独立的单片机输入线相连接，如图 5.2.4 所示。

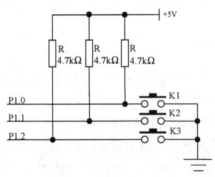

图 5.2.4　按键输入电路

当按键按下时，+5V 电源通过电阻 R，再通过按键 K 最终进入 GND 形成一条通路，这条通路的全部电压都加到了电阻 R 上，因此单片机 P1 端口输入引脚就为低电平。当松开按键后，线路断开，就不会有电流通过，输入引脚与+5V 就是等电位的，为高电平。我们就可以通过这个 I/O 口的高低电平来判断是否有按键按下。

实际上在单片机的 I/O 口内部，除 P0 口外，均有一个上拉电阻存在，是带内部上拉电阻的 8 位准双向口（见图 5.2.5）。P0 口为 8 位漏极开路型双向 I/O 端口，其没有内部上拉电阻。

对于具有上拉的准双向口，当需要读取外部按键信号的时候，单片机必须首先给

I/O 口置"1"，也就是高电平，这样才能正常读取外部的按键信号，下面分析其缘由。

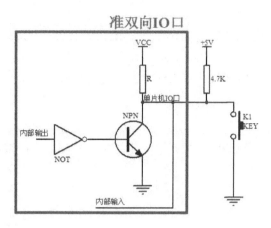

图 5.2.5　带内部上拉电阻的准双向口结构

当内部输出是高电平，经过一个反向器变成低电平，NPN 三极管不会导通，那么单片机 I/O 口从内部来看，由于上拉电阻 R 的存在，所以是一个高电平。当外部没有按键按下将电平拉低的话，VCC 也是+5V，他们之间虽然有 2 个电阻，但是没有压差，就不会有电流，线上所有的位置都是高电平，这个时候我们就可以正常读取到按键的状态了。

选择 P0 口作为 I/O 口使用时必须外接上拉电阻，否则逻辑上会出现错误。P0、P1、P2、P3 接独立式按键时所连接的电阻的作用是限流，因为 I/O 口都有额定电流。

2．按键的消抖

通常按键所用开关都是机械弹性开关，当机械触点断开、闭合时，由于机械触点的弹性作用，按键开关在闭合时不会马上就稳定接通，断开时也不会一下子就彻底断开，因此有时会出现一种现象：明明只按了一下按键，但数字却加了不止 1，而是 2 或者更多，但是程序并没有任何逻辑上的错误，这就涉及到按键在闭合和断开的瞬间可能伴随的抖动问题。

抖动时间是由按键的机械特性决定的，一般都会在 10ms 以下，为确保程序对按键的一次闭合或断开只响应一次，必须进行按键的消抖处理。基本方法是：当检测到按键状态变化时，不是立即去响应动作，而是先等待闭合或断开稳定后再进行处理。按键消抖可分为硬件消抖和软件消抖。

硬件消抖就是在按键上并联一个电容，利用电容的充放电特性来对抖动过程中产生的电压毛刺进行平滑处理，从而实现消抖。但实际应用中，这种方式的效果往往不是很好，而且还增加了成本和电路复杂度。所以实际中使用得并不多。

在绝大多数情况下，是用软件来实现消抖的。最简单的软件消抖原理，就是当检测到按键状态变化后，先等待 5～20ms 的延时时间，让抖动消失后再进行一次按键状态检测，如果与刚才检测到的状态相同，就可以确认按键已经稳定，如图 5.2.6 所示。

3. 键盘的工作方式

对键盘的响应取决于键盘的工作方式，键盘的工作方式应根据实际应用系统中CPU的工作状况而定，其选取的原则是既要保证CPU能及时响应按键操作，又不要过多占用CPU的工作时间。通常，键盘的工作方式有三种，即编程扫描、定时扫描和中断扫描。

（1）编程扫描方式

编程扫描方式是利用CPU完成其他工作的空余时间，调用键盘扫描子程序来响应键盘输入的要求。

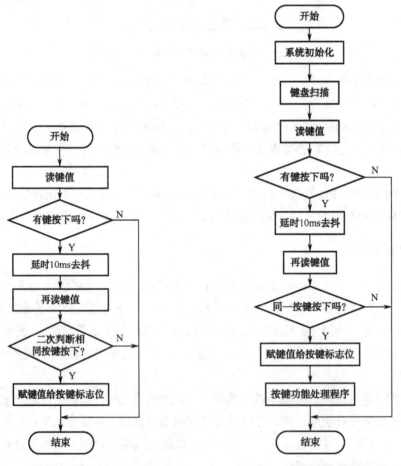

图 5.2.6 软件消抖程序流程图   图 5.2.7 键盘扫描流程图

（2）定时扫描方式

定时扫描方式就是每隔一段固定时间对键盘扫描一次，它利用单片机内部定时器0产生一段时间的定时，当达到定时时间就产生定时器0溢出中断。CPU响应中断后对键盘进行扫描，并在有按键按下时识别出该键，再执行该键的功能。定时扫描方式的工作过程如图5.2.8所示。

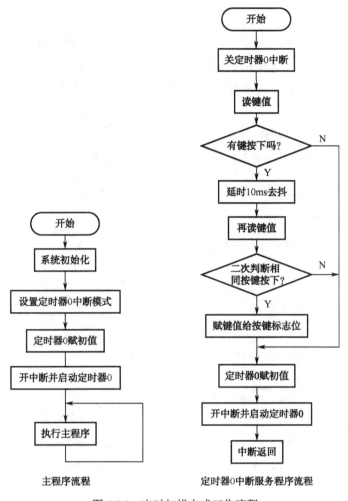

图 5.2.8　定时扫描方式工作流程

（3）中断方式

采用上述两种键盘扫描方式时，无论是否按键，CPU 都要经常扫描键盘，而单片机应用系统工作时，并非经常需要键盘输入，因此，CPU 经常处于空扫描状态。

为提高 CPU 工作效率，可采用中断工作方式。其工作过程如下：当无键按下时，CPU 处理自己的工作，当有键按下时，产生中断请求，CPU 转去执行键盘扫描子程序，并识别键值。这种中断方式的实现方法也很简单，只需要将编程扫描方式中的键盘扫描程序从主函数移到 I/O 口外部中断响应函数中就能够实现。即当有外部中断引脚上的规定电平信号形式（低电平）出现时，处理器响应该外部中断请求，处理键值的扫描与识别任务，而在其他时间，处理器不进行键盘扫描工作，从而节省了处理时间。

可以说，对按键的处理，是由应用功能需求来决定的。由于本设计中的微控制器工作负荷较轻，且设计中需要用到的按键个数少，所以，本设计采用定时扫描的方式实现对按键的响应，即按键的扫描和键值的确定都在定时器 0 的中断服务程序中实现，这样既能减少扫描频繁度，又能够满足一定的实时性要求。按键操作的基本软件流程如图 5.2.8 所示，这里不再重复。

以按键 K3 的功能实现为例进一步说明独立按键的设计。K3 按键用来实现整个系统的暂停和启动切换功能。设置一个标志位变量 flag，赋初值为 1，当定时扫描到 K3 按键按下时，flag 取反。判断 flag 的取值，为 1 时执行系统主程序，为 0 时循环等待，直到定时中断服务程序再次扫描到 K3 按下使 flag 变为 1。程序流程图如图 5.2.9 所示。

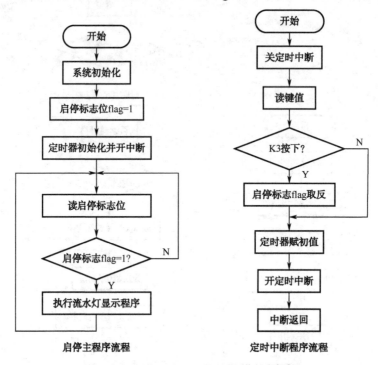

图 5.2.9　暂停和启动切换按键程序流程图

任务 3：LED 流水灯部分设计

LED 灯实质上是二极管，因此它的伏安特性与普通二极管的近似。本设计中采用额定电流 3mA，直径 3mm 的黄光 LED 灯。图 5.2.10 所示为 8 路 LED 流水灯控制电路，单片机的 P0 端口各引脚分别连接 8 路 LED 灯。图中 LED 灯直接通过 1kΩ 上拉电阻驱动，目的是满足 8 路 LED 灯的驱动电流要求，保证每个 LED 灯都有足够的亮度。微控制器通过向每个 P0 口引脚输出高电平控制 LED 灯发光。

实现流水灯花样的变换采用一个按键 K1 控制。共分 5 种花样模式，K1 按下一次，变换一种花样，模式值 mod 增加 1。模式值 mod 最大不超过 5，依此方式循环取值。

流水灯不同花样的表格采用二维数组的方式实现，具体数组如下所示：

```
uchar code led[5][8]={
{0xfe,0xfd,0xfb,0xf7,0xef,0xdf,0xbf,0x7f},          //依次逐个点亮
{0xfe,0xfc,0xf8,0xf0,0xe0,0xc0,0x80,0x00},          //依次逐个叠加
{0x80,0xc0,0xe0,0xf0,0xf8,0xfc,0xfe,0xff},          //依次逐个递减
{0x7e,0xbd,0xdb,0xe7,0xe7,0xdb,0xbd,0x7e},          //两边靠拢后分开
{0x7e,0x3c,0x18,0x00,0x00,0x18,0x3c,0x7e},          //两边叠加后递减
};
```

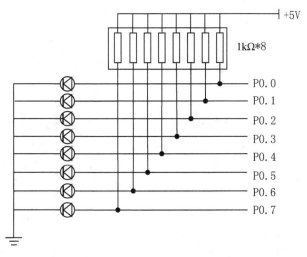

图 5.2.10　LED 流水灯控制电路

花样控制程序流程图如图 5.2.11 所示。

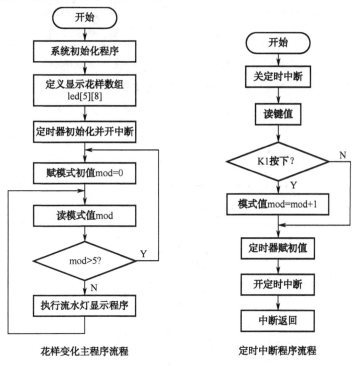

花样变化主程序流程　　　　　定时中断程序流程

图 5.2.11　流水灯花样控制程序流程图

流水灯速度变化的实现也采用一个按键 K2 来控制。速度变化共分为 4 挡，变换时间间隔可为 200～1000ms。K2 按下一次，速度提高 1 挡，每挡时间间隔缩短 200ms，速度挡位变量 speed 在 0～4 之间循环取值。

速度控制程序流程图如图 5.2.12 所示。

其中，花样变化延时可调子程序流程图如图 5.2.13 所示。

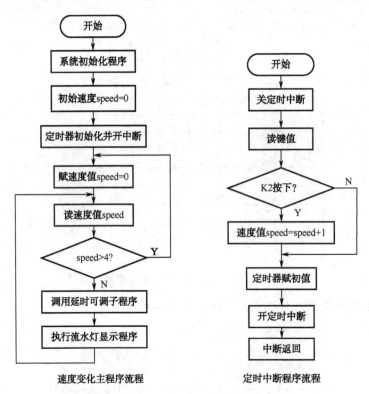

速度变化主程序流程　　　　　定时中断程序流程

图 5.2.12　流水灯速度变化控制程序流程图

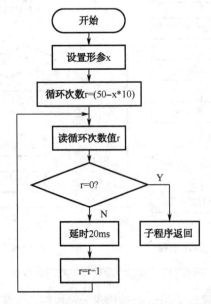

图 5.2.13　花样变化延时可调子程序流程图

任务 4：LED 数码管显示部分设计

数码管有共阴极与共阳极之分。如图 5.2.14 所示，共阴极显示器把发光二极管的阴极连在一起构成公共阴极。使用时公共阴极接 GND，当某阳极端为高电平时，该段发光二极管就导通发光。共阳极显示器把发光二极管的阳极连接在一起构成公共阳极。使用时公共阳极接 VCC，当某阴极端为低电平时，该发光二极管就导通发光。使用 LED 显示器时，要注意区分这两种不同的接法。LED 作为电流控制器件，必须加上拉电阻后再使用。

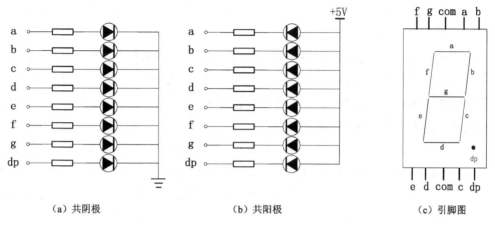

（a）共阴极　　　　　　（b）共阳极　　　　　　（c）引脚图

图 5.2.14　七段 LED 数码管

1．LED 数码管显示实现方法

发光二极管加正电压则发亮，加零电压则不发亮，数码管的不同"段"的亮暗组合就能形成不同的字形，这种组合称之为字形码或段码，LED 数码管的字形码见表 5.2.2。

表 5.2.2　数码管字型码表

显示字符	共阴极段选码	共阳极段选码	显示字符	共阴极段选码	共阳极段选码
0	3FH	C0H	C	39H	C6H
1	06H	F9H	D	5EH	A1H
2	5BH	A4H	E	79H	86H
3	4FH	B0H	F	71H	84H
4	66H	99H	P	73H	82H
5	6DH	92H	U	3EH	C1H
6	7DH	82H	R	31H	CEH
7	07H	F8H	y	6EH	91H
8	7FH	80H	"全亮"	FFH	00H
9	6FH	90H	"全灭"	00H	FFH
A	77H	88H	……	……	……
B	7CH	*#H			

七段数码管加上一个小数点，共计 8 段。因此 LED 显示器提供的编码正好是一个字节。由于显示的数字 0~9 的字形码没有规律可循，只能采用查表的方式来获得数码管显示编码，然后传送给数码管显示，这样便可实现显示程序与按键的一致。按照数字 0~9 的顺序，建立的表格如下所示：TABLE　DB　3FH，06H，5BH，4FH，66H，6DH，7DH，07H，7FH，6FH。

当单片机系统需要连接的数码管较少时，如本设计中只有两个，可采用并行连接输出的方式，一位数码管可以利用单片机的 P2.0~P2.7 连接到一个共阴数码管的 a~h 的笔段上，数码管公共端接地。另一位数码管利用 P3.0~P3.7 连接。这种并行输出口显示方式的显示速度高、稳定，但占用端口数多。

当需要的数码管较多，单片机端口不足时，可以利用串行口扩展并行口的方法，使用多片 74LS164 串接在单片机的串口上，每片 74LS164 再驱动 1 位 LED 数码管。74LS164 芯片是一个串行输入，并行输出的移位寄存器。采用这种输出口显示方式的显示速度低，但占用的端口数少。

2. LED 显示器的显示方式选择

在控制系统中，一般利用多个 LED 数码管组成一个多位的 LED 显示器。为了让某个数码管显示某种字符，除了要给其对应的"段"加上对应的信号（段驱动信号），还要同时在其位选控制端加上对应的信号（位驱动信号）。根据对 LED 数码管"段驱动"和"位驱动"信号加入方式的不同，LED 的显示一般有静态和动态两种方式，这两种方式各有特点。

（1）静态显示

在这种方式中，各显示位的段驱动信号由计算机单独提供，位驱动信号一般由电源（或接地）直接提供，各位数码管的显示相互独立，并且一旦由计算机一次输出显示模型后，就能保持该显示结果，直到下次发送新的显示模型为止。这种显示亮度高，占用机时少，显示可靠，因而在工业过程控制中得到了广泛的应用。这种显示方法的缺点是使用元件多，且线路比较复杂。

（2）动态显示

在动态显示方式中，多位数码管的段驱动信号线并联在一起，计算机既提供段驱动信号，也提供位驱动信号。多个数码管分时工作，每次只能有一个数码管显示。但由于人的视觉有暂留现象，所以，仍感觉所有的器件都在同时显示。这种显示方式的优点是使用硬件少、价格低、线路简单，但它占用机时长，只要微控制器不执行显示程序，就立刻停止显示，这种显示将使微控制器的机时销耗增大。

一般来说，当对系统的成本要求不高时，尽量采用静态显示方式，以减少计算机的销耗，提高系统的实时性；而当对系统的实时性要求不高，系统的显示位数比较多，或对系统的成本有要求时，可以采用动态显示的方式，以牺牲计算机的销耗换取系统成本的降低。本设计中采用静态显示方式。

在译码方面有硬件和软件两种方式，为了减小硬件的复杂程度，本设计采用软件查表译码的方法。

在本设计中,需要显示的是流水灯花样模式和速度挡位,使用两位数码管即可满足需求,所以这里采用两个并行端口 P2、P3 口分别连接两位数码管的电路设计。LED 显示方式采用静态显示方式。具体的 LED 数码管显示电路如图 5.2.15 所示。

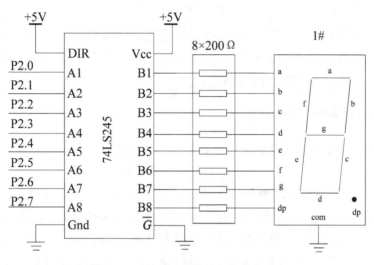

图 5.2.15　并行连接的数码管输出电路

共阴极数码管的驱动采用集成锁存器芯片 74LS245,它能够为数码管提供足够的驱动电流,保证数码管各段都有足够的显示亮度。

定义数码管显示数组 Tab[]={3FH,06H,5BH,4FH,66H,6DH,7DH,07H,7FH,6FH},对应共阴极数码管数字 0～9 的显示。将 mod 模式值对应的数码管段码送到 P2 口显示,speed 速度值对应的数码管段码送到 P3 口显示。共阴极数码管显示程序流程图如图 5.2.16 所示。

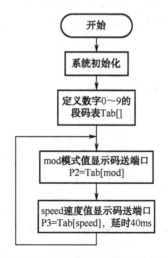

图 5.2.16　数码管显示程序流程图

任务 5：键控流水灯整体硬件及程序设计

1．系统硬件

系统硬件电路的各个组成部分在前述任务模块中均已介绍，这里只将其各自的端口安排描述如下：使用微控制器的 8 位 P0 端口连接 8 位流水灯电路；P1.0、P1.1、P1.2 三个引脚分别连接 3 个独立式按键；P2 端口和 P3 端口的各 8 位引脚分别通过一个 74LS245 芯片连接一个共阴极 LED 数码管。

2．程序设计具体内容说明

微控制器通电复位完成以后，首先 LED 流水灯全灭，两位数码管显示 00。

（1）按键 K1 为工作模式控制键，数码管 1 显示当前工作模式。按下一次，流水灯以模式 1 逐个点亮依次显示，数码管 1 显示 1；按下两次，流水灯以模式 2 逐个叠加显示，数码管 1 显示 2；按下三次，流水灯以模式 3 逐个递减流水显示，数码管 1 显示 3；按下四次，流水灯以模式 4 两边靠拢后分开流水显示，数码管 1 显示 4；按下五次，流水灯以模式 5 两边叠加后递减流水显示，数码管 1 显示 5；再按下一次，LED 流水灯全灭，数码管 1 显示 0，后面照此循环。

（2）按键 K2 为速度控制键，数码管 2 显示当前速度挡位。系统复位后初始速度为最慢速，数码管 2 显示 0。按下 K2 键一次，速度加快一个挡位，数码管 2 同步显示挡位值的变化。速度变化共设 4 个挡位，挡位值大于 4 时，则将其恢复为 0，后面照此循环。

（3）按键 K3 为启动、暂停控制键，当系统正常运行时按下 K3 键，则系统暂停运行，循环等待；当再次按下 K3 键，系统恢复运行，后面照此循环。

（4）流水灯花样以及数码管显示都通过软件查表的方式实现。

3．程序流程图设计

总体程序设计流程图如图 5.2.17 和图 5.2.18 所示。

4．部分主要参考程序

（1）延时可调子程序
先设计延时 20ms 的子程序。

```
***********************************************************/
void delay20ms(void) //3*i*j+2*i=3*100*60+2*100=20000μs=20ms;
{
unsigned char i,j;
for(i=0;i<100;i++)
for(j=0;j<60;j++)
;
```

```
    }
/*************************************************************
```

延时可调子程序

入口参数：x

```
*************************************************************/
void delay(unsigned char x)
{
unsigned char y, k;
y=50–x*10;
for(k=0;k<y;k++)
delay20ms();
    }
```

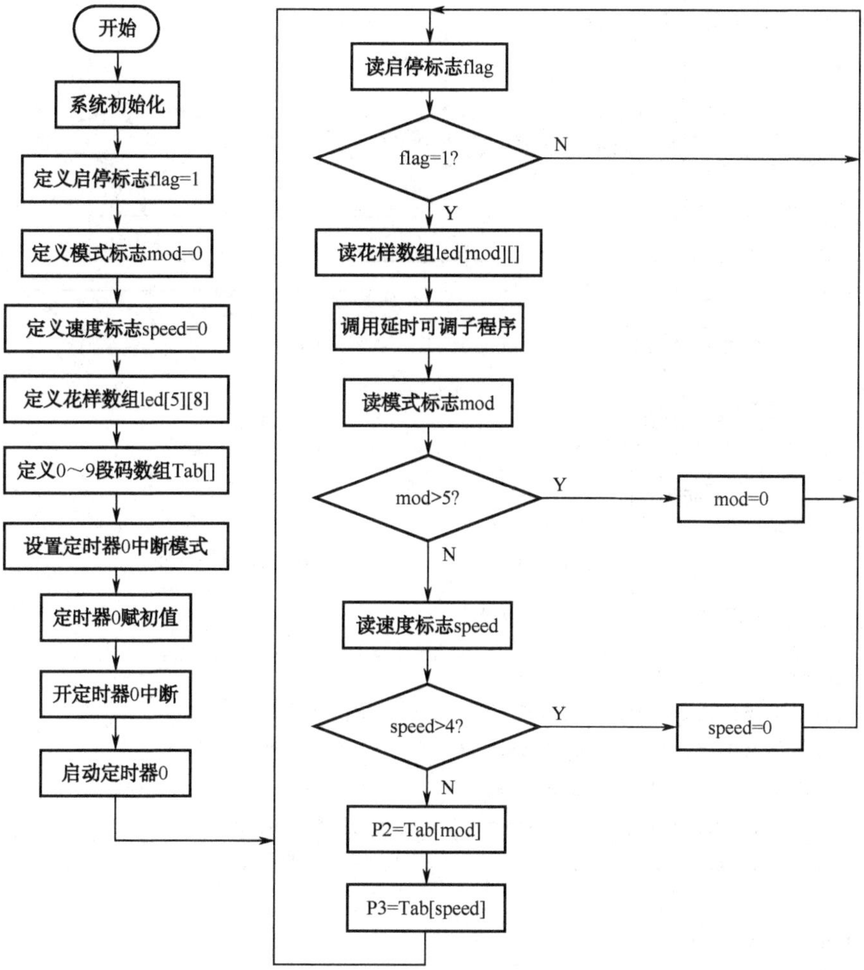

图 5.2.17　总体程序设计流程图（主程序）

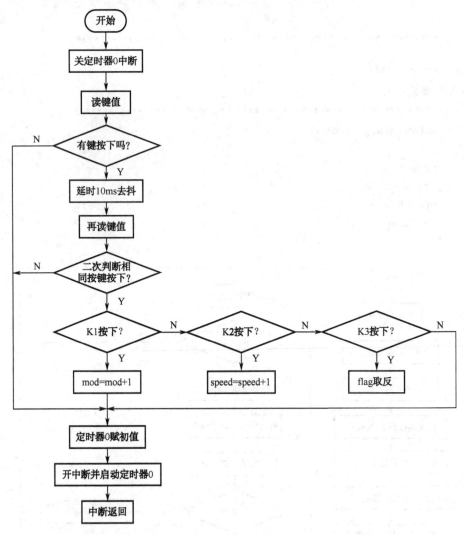

图 5.2.18 总体程序设计流程图（定时器 0 中断服务程序）

（2）流水灯程序

```
uchar code led[5][8]={
{0xfe,0xfd,0xfb,0xf7,0xef,0xdf,0xbf,0x7f },     //依次逐个点亮
{0xfe,0xfc,0xf8,0xf0,0xe0,0xc0,0x80,0x00},      //依次逐个叠加
{0x80,0xc0,0xe0,0xf0,0xf8,0xfc,0xfe,0xff },     //依次逐个递减
{0x7e,0xbd,0xdb,0xe7,0xe7,0xdb,0xbd,0x7e },     //两边靠拢后分开
{0x7e,0x3c,0x18,0x00,0x00,0x18,0x3c,0x7e }      //两边叠加后递减
};
unsigned char mod, speed, num;
bit flag;
mod=0;
speed=0;
flag=1;
num=0;
while(1)
```

```
{
switch(mod)
{
case 1:
{ for(num=0;num<8;num++)
{P0=led[mod][num];
if(num==8)
num=0;
delay(speed);
}
}
break;
case 2:
{ for(num=0;num<8;num++)
{P0=led[mod][num];
if(num==8)
num=0;
delay(speed);
}
}
break;
```

后面程序类似，在此省略。

```
}
}
}
```

（3）定时扫描按键程序

```
sbit K1=P1^0;          //位定义 K1 为 P1.0
sbit K2=P1^1;          //位定义 K2 为 P1.1
sbit K3=P1^2;          //位定义 K3 为 P1.2
```

主函数

```
*********************************************************/
void main(void)
{
TMOD=0x02;             //使用定时器 T0 的模式 2
EA=1;                  //开总中断
ET0=1;                 //定时器 T0 中断允许
TR0=1;                 //定时器 T0 开始运行
TH0=256-200;           //定时器 T0 赋初值
TL0=256-200;
speed=3;               //默认流水灯流水点亮延时 20ms×3=60ms
while(1)
{
```

```
        …
    }
```

定时器 T0 的中断服务子程序，进行键盘扫描。

```
    **********************************************************/
    void intersev(void) interrupt 1 using 1
    {
    TR0=0;                  //关闭定时器 T0/
    P1=0xff;                //将 P1 口的均置高电平"1"
    if((P1&0xf0)!=0xf0)     //如果有键按下
    {
    delay20ms();            //延时 20ms，软件消抖
    if((P1&0xf0)!=0xf0)     //确实有键按下
    {
    if(K1==0)               //如果是按键 K1 按下
    mod=mod+1;              //流水灯模式改变
    if(K2==0)               //如果是按键 S2 按下
    speed=speed+1;          //流水灯流水点亮延时 20ms×10=200ms
    if(K3==0)               //如果是按键 S3 按下
    flag=~flag;             //流水灯启停状态改变
    }
    }
    TR0=1;                  //启动定时器 T0
    }
```

5.2.5　安装调试

在控制系统电路板制作完成后，要先进行基本连接关系的初步检查调试，主要是看有没有断线或者明显的短路情况。确定没有问题之后进行相关元器件的焊接。

焊接完成以后，在通电之前应先检查电源的两个输入端子有没有短路，在无短路的情况下才可以正常通电。第一次通电时要小心，仔细观察通电后是否有异常气味或者声音，或者某个芯片严重发烫，发现这些问题后，应立即断电，排查故障。每次电路修改后再通电时都要进行检查。

调试中，如果通电后没有故障，首先用万用表检查各个芯片的电源与地是否正确连接，在电源和地正确连接的情况下再去检测晶振电路是否起振。在电源和晶振都正常工作的情况下，先调试单片机的基本运行情况，运行一个简单程序，看结果是否正确。然后设置 I/O 口输出，看结果是否正确。

在键盘和显示电路调试时，先看当键盘按下时，输入到单片机的相关 I/O 口以及中断引脚的电平是否正确，然后再通过单片机向显示器输出一个简单的显示内容，看是否可以正确显示。无误后，再继续调试通过键盘设置相关参数并通过显示器进行显示的程序。

需要注意的是数码管的发光段也是需要串联限流电阻的，以共阳极数码管为例，串

联的限流电阻阻值越大，电流越小，亮度越低；电阻值越小，电流越大，亮度越高。在使用限流电阻时需要在每一个段连接线上都串联限流电阻，而不要在公共端上串联电阻，如果只在公共端上串联一个限流电阻，则在显示不同的数字时，将会造成数码管亮度的不同。

5.2.6　设计拓展

1．本设计中重点介绍的是独立式键盘，请问 4×4 矩阵键盘的工作原理及工作过程是怎样的，请画出矩阵键盘键码识别程序流程图。

2．本设计中的键盘程序只处理单键按下时的任务，请问应如何设计程序以处理多键同时按下时的任务？

3．在 AT89S51 单片机应用系统中，P0 口和 P2 口是否可以直接作为输入/输出连接开关、指示灯等外围设备？为什么？

4．共阳数码管的段码控制信号可由 P0 口直接控制，请问共阴数码管的段码信号能否由 P0 口直接控制？为什么？

5．为什么单片机控制的负载常常采用低电平有效的控制方法?采用其他方法可行吗？要注意什么问题？

6．本设计中流水灯的控制是采用查表的方式实现的，请采用其他方法，比如移位的方式等实现相同的控制。

7．按照前面所讲述的数码管动态显示方式，设计一个按键控制五位数码管动态显示字符。可采用 P0 端口接动态数码管的字形码段，P2 端口接动态数码管的数位选择端，P3.7 接一个按键，当按键接高电平时，显示"12345"字样；当开关接低电平时，显示"HELLO"字样。

5.3　温度测控系统设计

5.3.1　设计要求

设计并制作一个温度测控与显示系统，功能要求如下：
（1）温度测量范围为 0～100℃，采用合理有效的显示方法显示测量相关信息。
（2）温度分辨率为±1℃。
（3）选择合适的温度传感器。
（4）使用键盘输入温度的上限值和下限值，当温度超出上限值范围时报警，温度超出下限值范围时报警并控制设备进行加温至预设温度。

5.3.2　设计要点

温度的测量与控制在工农业生产、科学研究和人们的生活领域中，都有着广泛的应用。尤其是在工业生产过程中，很多时候都需要对温度进行严格的监控，使得生产能够顺利进行，产品的质量才能够得到充分的保证。使用自动温度测控系统可以对环境的温度进行自动测量和控制，保证生产的自动化、智能化能够顺利、安全进行，从而提高企业的生产效率。

本设计主要实现温度的自动检测和测量结果显示以及在一定范围内的温度控制，涉及到微控制器的应用、温度传感器的选择、信号放大、信号调理及模拟量到数字量转换电路的设计、数字信号的显示、通过弱电控制强电实现温度控制等。设计重点在于通过微控制器的控制功能实现温度测量中的信号变换、显示、报警及温度上、下限的控制等。

5.3.3 方案论证

方案 1：基于 A/D 和显示驱动电路的温度测量与显示系统

该方案的工作原理是将被测的温度信号通过传感器转换成随温度变化的电压信号，此电压信号经过放大电路后，通过 A/D 转换器把模拟信号转变成数字量，送到指定存储单元中存储，并将数字量送至显示电路，用 LED 数码管进行显示。

方案 2：基于单片机的温度测量与显示系统

基于单片机的温度测量与显示系统能够对温度进行精确测量并准确显示，整个系统由单片机控制，接收传感器的温度数据并由驱动电路驱动温度显示。系统可以配备键盘部件，从键盘输入命令，可以选择温度测量报警的上、下限阈值，实现温度超限的自动报警和控制功能。由于单片机具有较强的运算和控制功能，使得整个系统具有模块化结构、硬件电路简单以及操作方便等优点。

方案点评

两个方案各有特点，方案 1 综合利用了模拟、数字电路的知识和器件，涉及到信号放大与调理、A/D 转换、译码、显示、时钟等电路，对于学生进一步了解和掌握模拟与数字电路的知识，具有一定的帮助。但方案 1 完全采用硬件方案实现，电路相对比较固定，一旦设计完成，难以修改，灵活性不足，功能扩展实现起来也较困难。

方案 2 主要利用单片机或微控制器来实现，对于熟悉计算机的设计者来说，就是一个计算机测量系统的设计问题，该方案的完成涉及计算机硬件和软件方面的知识，特点是容易扩展系统的功能，具有精度高、体积小、功耗低、价格便宜等特点。其系统结构简单，抗干扰性强，具有广泛的应用前景，但是设计和调试的工作量相对较大。综合上述分析，本次设计选择方案 2。

在利用单片机实现温度测量系统的方案中，选择不同的传感器方案，实现的系统效果也不相同。常用的温度传感器有热电阻、热电偶、热敏电阻、集成温度传感器、数字式温度传感器、非接触式红外测温等多种。

方案 1：热电阻测温

热电阻是中低温区最常用的一种温度检测器，是基于纯金属材料导体的电阻值随温度增加而增加这一特性来进行温度测量的。热电阻的测量精度高、性能稳定、使用方便、测量范围宽。其中铂热电阻的测量精度是最高的，它不仅广泛应用于工业测温，而且被制成标准的基准仪。

方案 2：热电偶测温

热电偶是通过测量热电动势来实现测温的，即热电偶测温是基于热电效应现象的。热电偶测温具有以下几个优点：（1）测温准确度较高；（2）结构简单，便于维修，价格便宜；（3）动态响应速度快，例如，某些针状或薄膜的小惯性热电偶，其时间常数可达毫秒，甚至微秒级；（4）测温范围较广，对于低至-271℃而高达 2800℃甚至更高的温度测量，金属热电偶都可以胜任，对于一般的工程测温，都能基本满足要求；（5）信号可远传。但是热电偶测温也有一些不足点，在高温和长期使用环境下，热电偶容易受到腐蚀，而使测量不准确。另外需要进行冷端温度补偿是使用时的一个限制条件。

方案 3：红外测温

红外测温是一种非接触式测温法，在一些不便于直接接触测量的应用场合使用比较方便。在实际使用中要考虑环境条件对测量性能指标的影响，如温度、污染和干扰等因素所带来的测量误差，这些因素需要通过算法进行修正。另外红外测温系统的经济性没有热电阻和热电偶好，在实际工业生产中使用不广泛。

方案点评

在实际应用中，选择测温传感器时有一个原则就是测什么范围的温度，就选用什么类型的传感器，只有选用合适的传感器才能有较高的精度，比如测-50～100℃之间的温度，就可选用热电阻，相比较而言热电阻的精度要比热电偶高，只有温度高于热电阻测温范围时才选择热电偶，如温度 0～700℃，那就可选用 E 型热电偶。如果要实现非接触测温，则可采用红外测量的方式。针对本设计的要求，测量温度区间为 0～100℃，温度分辨率为 1℃，选择 Pt100 热电阻温度传感器比较合适。Pt100 是铂热电阻，其温度系数为 $3.9×10^{-3}$/℃。铂电阻温度传感器是中、低温区（-200℃～650℃）最常用的一种温度检测器，它的阻值跟温度的变化成正比，阻值变化率为 0.3815Ω/℃。当 Pt100 温度为 0℃时，它的阻值为 100Ω，在 100℃时它的阻值约为 138.5Ω。

5.3.4 方案设计

任务 1：温度测量系统整体方案设计

本设计要实现对温度的准确测量、显示和控制。依照前面的论证分析，整个系统由单片机控制，温度传感器采用 Pt100 热电阻。Pt100 热电阻产生的电压信号经过调理电路转换成 0～5V 的标准电压信号，再送给 A/D 转换器进行信号采样转换处理，转换完成的数字量送给微控制器（AT89S52）进行计算，得出温度值并显示；报警与控制电路部分，通过按键的加、减来设定所需要的温度，当测量温度超出设置温度值时，发出警报，并控制电路执行相应操作，从而实现对温度的控制。整个系统的设计原理如图 5.3.1 所示。

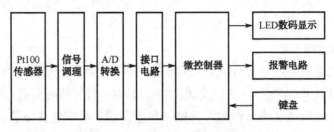

图 5.3.1　系统整体设计原理图

任务 2：Pt100 热电阻温度测量电路设计

Pt100 是电阻式温度传感器，其温度测量的本质是测量传感器的电阻。通常的做法是将电阻转换为电压或电流等电信号进行测量，再由单片机对测量结果进行线性化处理后显示或输出。一般用 Pt100 热电阻进行温度测量有两种方案。

（1）采用惠斯通电桥，电桥的四个电阻中有三个是恒定的，另外一个采用 Pt100 热电阻，当 Pt100 的电阻值发生变化时，测试端将产生一个电热差，由此电热差来计算温度。这里的连接方式要采用三线制接法，这是为了消除连接导线电阻引起的测量误差。因为测量热电阻的电路一般是不平衡电桥，热电阻作为电桥的一个桥臂电阻，其连接导线也成为桥臂电阻的一部分，该部分电阻是未知的且随环境温度变化，容易产生测量误差。

（2）设计一个恒流源通过 Pt100 热电阻，通过检测 Pt100 热电阻上的电压来计算温度。连接时一般也要注意热电阻的接法需采用三线制。

需要说明的是，热电阻的四线制接法精度最高，测量效果最好，在实验室温度测量中得到了广泛的应用。但是，由于成本、接线方便性等因素的制约，在工业控制现场，三线制的接法应用更加广泛，因此本设计中采用三线制恒流源激励电路接法。

1．恒流源电路设计

该部分采用高精度、低失调电压的精密集成运放 OP07 构成恒流源电路，其电路中所需的 4.096V 基准电压可采用由系统中所用的 A/D 转换器 MAX197 的参考电压输出端来提供，这样可简化恒流源的设计，该部分的具体说明在后面的 A/D 转换器应用介绍中再进一步介绍。恒流源电路与 A/D 转换电路使用同一个参考电压，参考电源的漂移不会影响测量结果。由恒流源电路图 5.3.2 可知，恒流源的电流 I=4.096V/2.4kΩ= 1.707mA。

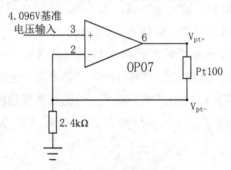

图 5.3.2　恒流源激励电路

该电流源的性能，除受电压基准和运放的性能影响以外，还受电阻 R_1 的温度稳定性和精度的影响，应选择稳定性好的精密线绕电阻，并认真筛选。

在使用恒流源激励的 Pt100 测温电路中，必须要注意激励电流的大小，电流过大会导致 Pt100 自身发热，产生测量误差。因此在设计过程中必须根据测量要求仔细设计信号调理电路，确保传感器自身发热产生的误差在可接受范围内。

2. 信号调理电路设计

信号调理电路的功能，就是将来自传感器的微弱信号，放大到A/D转换器便于分辨的程度，一般要求高输入阻抗、低输出阻抗和合适的电压增益（电压放大倍数）。图5.3.3所示电路就是由专用的电压放大器AD620和低漂移运放OP07组成，综合利用了AD620的高输入阻抗和OP07低漂移、低输出阻抗的特点。

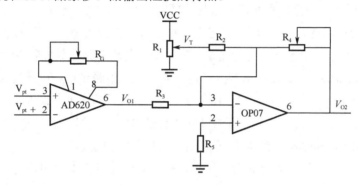

图 5.3.3　信号调理电路

电压放大分别由AD620和OP07来实现。

由AD620组成的放大器电压增益为：

$$V_{O1} = -(V_{pt+} - V_{pt-}) \times (1 + {}^{49.4K}\!/\!_{R_G}) \, ,$$

即调整电阻 R_G 就可以调整第一级的电压增益。

由OP07组成了第二级放大电路，其输入、输出关系为：

$$V_{O2} = -V_{O1} \times {}^{R_4}\!/\!_{R_3} - V_T \times {}^{R_4}\!/\!_{R_2} \, ,$$

这个电路的主要作用就是实现零点和满度的调整，即利用由 R_1 和 R_2 组成的电路实现零点的调整，R_4 则用来调整满度。

其所以在电压放大的同时，要进行零度和满度调整，主要是为了计算和显示方便。

以温度测量为例，当温度范围是0～100℃时，Pt100热电阻的阻值为100～138.51Ω，对应的电压为170.67～236.39mV，A/D转换电路的输入电压范围为0～5V，为保证信号能得到最大的分辨率，必须将这些毫伏级的信号放大，同时还要调整R1的大小，保证当温度是0℃时，运放的输出是0V（零度）；调整R4的大小，保证当温度是100℃时，运放的输出是5V（满度）。

在本电路中，电压总增益为 G=5/0.236≈22，由两级放大器实现，设计时可以先选定 R_G，例如取 4.94KΩ，让第一级的电压增益为11，然后再确定第二级放大器的各个电阻。

任务 3：A/D 转换电路设计

热电阻检测到的模拟信号经过驱动和信号调理后需要送入 A/D 转换器，被转换为数字量信号后再送入单片机中，然后单片机便可对这些数据进行处理了。转换精度是 A/D 转换模块的一个重要指标，总的转换误差由测量误差和量化误差共同决定。因此，A/D 转换器的精度应与测量装置的精度相匹配。一方面，要求量化误差在总误差中所占的比重要小，另一方面，必须根据目前测量装置的精度水平，选择合适的 A/D 转换器的位数。

转换分辨率与转换器位数之间的关系可以表示为

$$\Delta = \frac{Y_{\max} - Y_{\min}}{2^n - 1} \tag{5.3.1}$$

式中，$Y_{\max}$ 为最大模拟量输入；$Y_{\min}$ 为最小模拟量输入；n 为转换器位数。

依据以上要求，为保证系统信号采集的精度以及实时性，选用 8 通道、12 位高速 A/D 转换芯片 MAX197。它采用逐次逼近工作方式，内部的输入跟踪/保持电路把模拟信号转换为 12 位数字量输出，并行输出口容易与单片机连接。具体特性如下：12 位分辨率，误差为 ±1/2(LSB)；8 路模拟输入通道；单一 +5V 电源供电；可通过软件编程选择输入模拟电压范围：±10V，±5V，0～10V，0～5V；6μs 转换时间，采样速率为 100ksps；可通过软件选择内部或外部时钟；可通过软件选择内部或外部采集方式；可用软件选择使用内部 4.096V 电压基准或外部电压基准；有两种省电模式。

MAX197 既可以使用内部参考电压源，也可以使用外部参考电压源。当使用内部参考源时，芯片内部的 2.5V 基准源经放大后向 REF 提供 4.096V 参考电平。这时应在 REF 与 AGND 之间接入一个 4.7μF 的电容，在 REFADJ 与 AGND 之间接入一个 0.01μF 电容。当使用外部参考源时，接至 REF 的外部参考电源必须能够提供 400μA 的直流工作电流，且输出电阻小于 10Ω。如果参考源噪声较大，应在 REF 端与模拟信号地之间接一个 4.7μF 电容。

模拟量输入通道拥有 ±16.5V 的过电压保护，即使在关断状态下，保护也有效。

MAX197 与微控制器之间的连接关系如图 5.3.4 所示。

在该接法下，MAX197 工作于内部时间模式，要在 CLK 管脚和地之间接入 100PF 电容，以提供 1.56MHz 的内部时钟频率信号。通过单片机 P1.7 端口控制输出 A/D 转换结果的高八位或低四位。由 P2.6 作为 MAX197 的片选端。通过读取 P3.2 端口的电平状态，判断是否一次 A/D 转换结束。

利用 MAX197 的 REF 引脚对外输出一个标准 4.096V 的基准电压作为前述 Pt100 调理电路模块的恒流源参考电压输入。

MAX197 片内带控制字如表 5.3.1 所示。PD1、PD0 为单板模式选择位，MAX197 工作时，该 PD[1:0] 值为 01，此模式为正常工作，且使用内部时钟；ACQMOD 为采样控制模式，0 为内部控制模式（6 个时钟周期完成采样），1 为外部控制模式，在本系统中，此值固定设置为 0；RNG、BIP 为极性与量程控制，BIP 为 0 时选择单极性、为 1 时选择双极性，RNG 为 0 时选择 0～5V、为 1 时选择 0～10V 量程，本系统中此值固定为 00，0～+5V，4.096V 电压基准下，器件分辨率为 1mV；A[2:0]为量程选择，系统固定从 CH0 采集模拟信号，因此固定为 000。

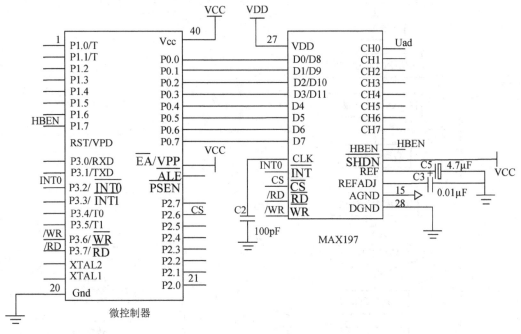

图 5.3.4　MAX197 与微控制器接线图

表 5.3.1　MAX197 片内控制字

D7（MSB）	D6	D5	D4	D3	D2	D1	D0（LSB）
PD1	PD0	ACQMOD	RNG	BIP	A2	A1	A0

任务 4：微控制器温度处理程序设计

Pt100 是热电阻型温度传感器，随外界温度的变化自身的阻值也相应发生改变，它可测量的温度范围为-200～650℃，相应的阻值变化范围在 150～335Ω 之间。Pt100 电阻与温度变化的一般关系式为

$$R_t = R_0[1 + AT + BT^2 + C(t-100)T^3] \qquad (5.3.2)$$

式中，R_0 为 0℃下 Pt100 的电阻值，T 为摄氏温度，$A = 3.9083 \times 10^{-3}$，$B = -5.775 \times 10^{-7}$，$C = -4.183 \times 10^{-12}$（$t < 0$℃），$C = 0$。

当工作温度范围在-20～120℃的时候，此时 Pt100 电阻随温度变化的关系呈现出较好的线性度，可将电阻值与温度的函数关系式简化为

$$R_t = R_0(1 + AT) \qquad (5.3.3)$$

其中，$R_0 = 100\Omega$，$A = 0.00388\Omega/℃$。

依据温度与 Pt100 热电阻阻值之间的关系式，以及前面介绍的热电阻阻值与信号调理、放大电路的输出电压之间的对应关系、A/D 转换器件 MAX197 的工作原理等，设计微控制器温度测量过程中的 A/D 采样转换程序流程如图 5.3.5 所示，温度测量主程序

流程如图 5.3.6 所示。

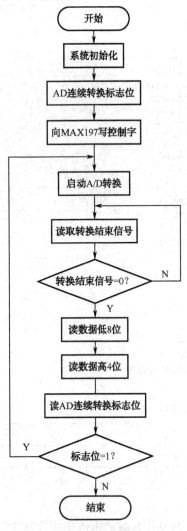

图 5.3.5　A/D 转换程序流程图

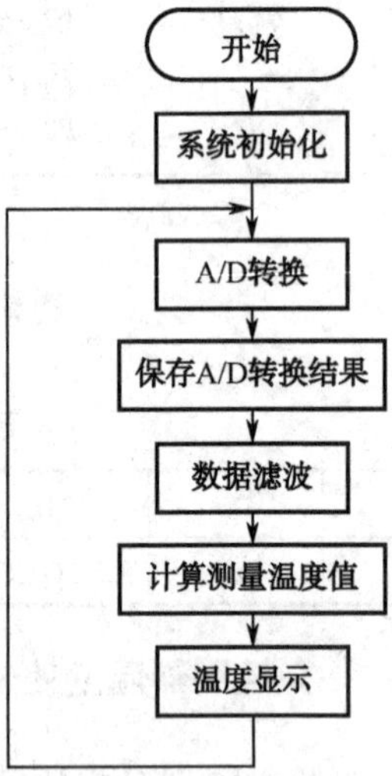

开始
↓
系统初始化
↓
A/D转换
↓
保存A/D转换结果
↓
数据滤波
↓
计算测量温度值
↓
温度显示

图 5.3.6　温度测量主程序流程图

A/D 转换主要程序代码及其注释:

```
#define uchar unsigned char
#define uint unsigned int
Uchar CH0DataL, CH0DataH;
/*MAX197 片外地址定义*/
#define adch0 XBYTE[0x0100]
Sbit ADINT = P3^2;              //MAX197 的中断输出位
Sbit HBEN = P1^7;              // MAX197 数据总线复用控制
void main()
{EA = 1;
 EX0 = 1;                      //打开外部中断 0
/*无限循环，等待外部中断 0 启动模数转换*/
 While(1);
```

```
}
/*外部中断 0 服务子程序*/
void int0svr(void) interrupt 0 using 1
{
EX0 = 0;                              //关闭外部中断 0
/*向 MAX197 的控制字寄存器写入控制字 0x40;
PD=0，PD0=1：正常工作，内部时钟模式;
ACQMOD=0：内部控制采集;
RNG=0，BIP=0：0～5V 测量范围;
A2=A1=A0：测量通道为 0 号       */
adch0 = 0x40;
/*查询 MAX197 的中断输出 ADINT，检测是否完成了信号的一次模数转换*/
while (ADINT!=0)
{
     HBEN = 0;          //先读低位
}
CH0DataL = adch0;
HBEN = 1                 //再读高位
CH0DataH = adch0;
HBEN = 0;
EX0 = 1;                 //打开外部中断 0
}
```

任务 5：键盘、显示与报警电路设计

在本设计中，显示电路用来显示实时测量温度值，功能要求简单，因此采用三位 LED 数码管即可满足需求。由于在本设计中还包含如 A/D 转换器、按键、蜂鸣器等部件，因此为节省 I/O 端口，数码管的连接方式可采用串行连接。具体电路在前一个设计中已经有了简单介绍，可参照其方法设计。

键盘电路的主要作用是设定监控报警温度预设值，使用三个独立的按键，一个用来选择设定上限温度还是下限温度，一个增大预设值，一个减小预设值，该电路较简单，前一个设计中已有类似介绍，这里不再冗述。

报警电路采用蜂鸣器实现，当微控制器转换得到的测量温度值超过预设限度值时，蜂鸣器报警，电路如图 5.3.7 所示。

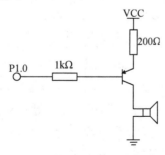

图 5.3.7 报警电路设计

任务 6：温度控制电路设计

该部分电路的设计主要涉及两个问题：一是弱电（MCU 系统）和强电（AC 220v）的隔离；另一个是对强电的控制，为此，可以采用图 5.3.8 所示的电路。控制电路主要由光耦 MOC3061 和功率双向可控硅 BT134 组成。在 MOC3061 内部不仅有发光二极管，而且还有过零检测电路和一个小功率双向可控硅。设置一个固定温度值，连接 220V 交流电。当微控制器控制 I/O 口引脚变为低电平时，光耦开始导通工作，光耦输出的电流不断增大。当电流增大至高于双向可控硅的阀值时，门极 G 导通，可控硅开始工作，于是电热丝被加热。当加热温度达到设定温度值时，控制 I/O 口引脚变为高电平，光耦停止工作，可控硅门极电流减小，直至最后低于双向可控硅的阀值，可控硅停止工作，闭合环路被切断，电热丝加热停止，从而实现温度控制。

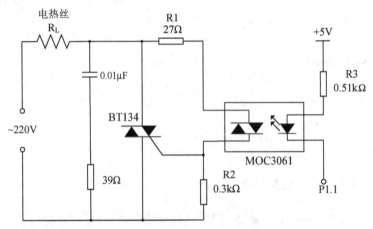

图 5.3.8　温度控制电路设计

5.3.5　安装调试

微控制系统的硬件调试和软件调试是不能分开的，许多硬件错误是在软件调试中被发现和纠正的。但通常是先排除明显的硬件故障以后，再和软件结合起来调试，进一步排除故障。可见硬件的调试是基础。如果硬件调试不通过，软件设计就是无从说起。

硬件调试首先检查电路的焊接是否正确，然后可用万用表测试或通电检测。

排除逻辑故障。这类故障往往是由于设计和加工制板过程中的工艺性错误所造成的，主要包括错线、开路、短路。排除的方法是首先将加工的印制板认真对照原理图，看两者是否一致。应特别注意电源系统检查，以防止电源短路和极性错误，并重点检查系统总线（地址总线、数据总线和控制总线）是否存在相互之间短路或与其他信号线短路。必要时利用数字万用表的短路测试功能，可以缩短排错时间。

排除元器件失效故障。造成这类故障的原因一般有两个：一是元器件本来就是坏的；另一个是安装错误造成的器件烧坏。可以检查元器件与设计要求的型号、规格和要求是否一致。在保证安装无误后，用替换方法排除故障。

排除电源故障。在通电前，一定要检查电源电压的幅值和极性，否则很容易造成集成块损坏。

在热电阻温度测量中，恒流源激励输出的电流不能太大，以免 Pt100 电阻自身发热造成测量温度不准确，试验证明，电流大于 1.8mA 将会有较明显的影响；另外，激励电源一定要接稳定的 4.096V 参考基准，不要直接接 VCC，因为当电网电压波动造成 VCC 发生波动时，运放输出的信号也会发生改变，此时再从以 VCC 未发生波动时建立的温度-电阻表中去查表求值时就不正确了。

调理电路中的运放在某些情况下也可以采用单一电源供电，但如果测量的温度波动比较大，则将运放的供电改为双电源供电，这种情况会有较大改善；调理电路运放输入端应接阻值足够大的电阻，比如 47kΩ电阻，以提高电路输入阻抗，提高测量准确度。

5.3.6　设计拓展

（1）如果要使热电阻测温系统达到较高的测量精度，除了使用高精度的测量传感器、良好的信号调理电路和高精度的 A/D 转换电路外，在微控制器数据处理方面，可以采用什么方法，使测量精度有效提高？

（2）当前，数字集成式温度传感器应用也很广泛，常用的数字集成式温度测量传感器有哪些？请举出至少两个例子，并与热电阻、热电偶传感器进行比较，说明其各自的优劣及其应用场合。

（3）请选择一款其他类型的温度传感器，实现满足本设计要求的温度测量系统，并能够实现温度信号与上位机的通信传输与显示。

（4）本设计实现的是一路温度信号的采集，如果要将其扩展到多路温度信号的采集，应该怎样实现？

（5）利用 MAX197 多量程、多通道并行 A/D 转换器实现多路不同类型信号的采集，如压力信号、温度信号等，应如何设计？

5.4　通信系统设计

5.4.1　设计要求

（1）设计实现一台微控制器与一台 PC 之间的双向串行通信；由 PC 通过串行口控制微控制器的端口，将 PC 送出的数据以二进制形式在该端口上显示；在微控制器端设置按键，通过按下按键向 PC 端发送指定数据。

（2）设计一个主从式多机通信系统，1 台主机和多台从机，主机及从机全部采用微控制器；利用该主从式多机通信系统设计实现分布式数据采集功能，分机利用 A/D 转换进行数据采集，主机获取各分机当前 A/D 转换结果并显示。

5.4.2　设计要点

微控制器广泛应用于仪器仪表、家用电器、医用设备、航空航天、专用设备的智能化管理及过程控制等领域。随着计算机技术的发展及工业自动化水平的提高，在许多场合采用单机控制已不能满足现场要求，因而必须采用多机分布式控制的形式，而多机控制主要通过多个微控制器之间的串行通信实现。串行通信作为单片机之间最常用的通信方法之一，由于其通信编程灵活、硬件简洁并遵循统一的标准，因此其在工业控制领域得到了广泛的应用。

本项目在熟悉串行通信系统应用的基础上，设计一种基于微控制器的多机通信系统。1号微控制器为主机，2、3、4号微控制器为从机。主机通过串口向从机发送指定格式的数据，从机接收数据并做出响应，主机通过 LCD 液晶屏显示通信信息，从机通过 LED 显示通信状态。1 号微控制器通过键盘控制通信过程与显示，2、3 与 4 号微控制器通过独立按键控制通信状态。

5.4.3　方案论证

计算机的通信方式分为两种：串行通信和并行通信。并行通信是指数据的各位同时进行传送的方式，其特点是传输速度快，但当传输距离较远、位数较多时，所需要的I/O线路多，就会导致通信线路复杂且成本高。串行通信是指数据一位一位地顺序传输的通信方式，其特点是通信线路简单，只要一对传输线就可以实现，并且适用于远距离通信，但传输速度较慢。工业应用场合的通信节点多、位置分散、通信距离远，因此通常都采用串行通信的方式。串行通信的传输制式有三种：单工制式、半双工制式和全双工制式。

当在两个微控制器系统之间进行双向异步通信时，一般都是通信距离比较近的应用场合，因此实现通信的方案比较简单，采用微控制器的串行线接口直接连接即可，设计者自行定义串行数据传输的协议，直接进行串行数据传输，原理图如图 5.4.1 所示。

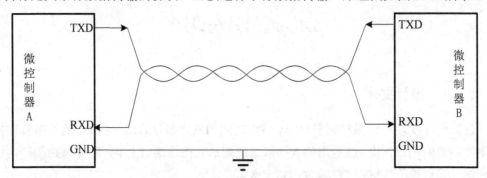

图 5.4.1　微控制器间串行双向异步通信

微控制器 A 的 TXD 与微控制器 B 的 RXD 相连，微控制器 A 的 RXD 与微控制器 B 的 TXD 相连，这样两个微控制器就可以互相发送数据了。如果这两个 MCU 距离稍远，比如是两个独立的设备，为保证信号的可靠性，则可分别为两者各加上一个电平转换芯片，常用的如 MAX232、SPI232 等。

1．一台微控制器与一台 PC 之间的通信方案选择

微控制器与 PC 之间的通信一般距离相对较远，因此不可能再采用前面所使用的串行线直接相连的方法进行通信，而需要采用串行标准接口来实现通信。常用的串行标准接口有两种：RS-232 标准和 RS-485 标准。

方案1：采用 RS-232 标准接口

在串行通信时，要求通信双方都采用同一个标准接口，使不同的设备可以方便地连接起来进行通信。RS-232 接口是目前最常用的一种串行通讯接口。RS-232-C 标准规定，驱动器允许有 2500pF 的电容负载，通信距离将受此电容限制。例如，采用 150pF/m 的通信电缆时，最大通信距离为 15m；若每米电缆的电容量减小，通信距离可以增加。传输距离有限的另一原因是 RS-232 属单端信号传送，存在共地噪声和不能抑制共模干扰等问题，因此一般用于 20m 以内的通信。具体通信距离还与通信速率有关，在 9600bps、普通双绞屏蔽线时，距离可达 30～35 米。RS232 是全双工传输的。RS-232 接口在总线上只允许连接 1 个收发器，即只有单站收发能力，只支持点对点通信。在异步传输时，RS-232 接口波特率为 20kbps。

方案2：采用 RS-485 标准接口

RS-485 标准接口隶属于 OSI 模型物理层，电气特性规定为 2 线制，半双工传输，多点通信的标准。采用平衡差分电路，其最大的优点是能有效抑制噪声，因而 RS-485 通信接口具有很强的抗噪声干扰能力；RS-485 的传输距离远，最大传输距离可达 3000m；RS-485 具有多站接收的能力，即最多可接收 128 个收发器构成多机总线形式。RS-485 的最高传输速率达到 10Mbps。

方案点评

PC 与微控制器之间的通信，大部分都采用串行 RS232 接口标准来实现，这是最方便的方法。因为，首先这两者之间的通信距离一般来说采用 RS232 接口就够用；其次，PC 自身就带有 RS232 串口，故不需要增加额外的硬件，也不用单独写驱动程序。

由于 PC 通信端口提供的只有 RS-232C 通信接口，该接口对于信号的高低电平定义为：$-3\sim-15V$ 表示逻辑 0，$+3\sim+15V$ 代表逻辑 1，而微控制器端口提供的是 TTL 电平，对于高低电平信号的定义为：等于或低于 0.8V 为逻辑 0，大于或等于 2.0V 为逻辑 1。因此，在通信电路设计中还必须采用电平转换芯片才能真正实现通信。一般来说，PC 的功能较为强大，与微控制器进行通信的时候，称为上位机，也叫主机。而微控制器就充当下位机，也就是从机。从机必须听从主机的命令，完成相应的任务，然后给主机"应答"。

2．多个微控制器之间的通信方案选择

在需要构成较大规模的检测、控制系统时，经常要采用多个微控制器，组成可以通信的多机系统。当前，多数微控制器都为实现多机通信联网设计了方便的串行通信接口功能。比如，对于 MCS-51 系列单片机而言，要将多个单片机组成串行总线形式的相互

通道，通过写单片机的串行控制方式寄存器，将串行口设置为方式 2 或方式 3，就可以实现主机与多个分机之间的串行通信。这种多机系统结构简单，应用广泛，能够实现由主机呼叫分机，然后实现主机与分机之间的全双工串行通信。

方案点评

如前所述，在多个微控制器相互通信，各微控制器之间通信距离较远的情况下，应该采用 RS-485 标准接口串行主从式通信方式来实现。

5.4.4　方案设计

目前，微控制器在通信领域的应用很广，其中研究最多的是上位机 PC 与下位机微控制器之间的通信系统及多个微控制器构成的主从式多机通信系统。在本串行通信系统设计中选择目前应用广泛的 AT89S52 单片机作为控制器，其内部含有一个可编程全双工串行通信接口，具有 UART 的全部功能。该接口电路不仅能同时进行数据的发送和接收，也可作为一个同步移位寄存器使用。

任务 1：微控制器与 PC 双向串行通信设计

具体通信操作过程如下：

（1）由 PC 通过串行口控制微控制器的 P0 口，将 PC 送出的数以二进制形式显示在 LED 指示灯上；

（2）通过按下两个按键 K1、K2，向 PC 分别发送数据 0x55 和数据 0xaa。

微控制器的 P0 口接 8 只 LED 灯，P3.2、P3.3 引脚连接有 K1 和 K2 共 2 个按键，使用微控制器串行口与 PC 通信。

微控制器与 PC 串行通信电路利用 MAX3232 芯片设计，如图 5.4.2 所示。

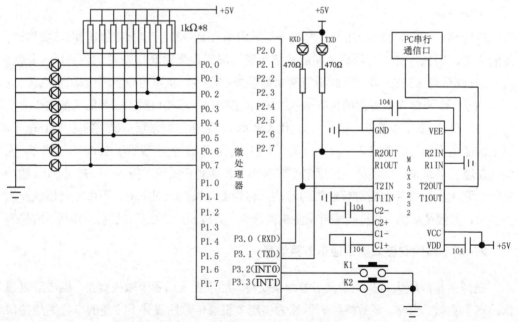

图 5.4.2　微控制器与 PC 串行通信电路

微控制器与计算机通信的 RS-232 接口电路中使用了一个 MAX3232 芯片,此外还添加了 TXD 和 RXD 两个接收和发送状态指示灯。PC 自身带有 RS-232 标准的串行接口,而 RS-232 的标准中定义了其电气特性:高电平"1"信号电压的范围为-15～-3V,低电平"0"信号电压的范围为+3～+15V。之所以采用这样的电气特性,是因为高低电平用相反的电压表示,至少有 6V 的压差,能够非常好地提高数据传输的可靠性。由于微控制器的管脚使用的为 TTL 电平,其与 RS-232 标准的串行口进行通信时,首先要解决的就是电平转换的问题。一般可选择使用专业的集成电路芯片来实现转换,如图 5.4.2 中的 MAX3232。MAX3232 芯片内部集成了电压倍增电路,单电源供电即可完成电平转换,且工作电压宽,3～5.5V 之间均能正常工作。图 5.4.2 所示电路连接即为其典型的应用方式,其外围所接的电容对传输速率有影响,这里采用的是 0.1μF 电容。

由于 MAX3232 芯片拥有两对电平转换线路,在图 5.4.2 中只使用了一路,因此浪费了另一路,在一些场合下可以将两路并联以获得较强的驱动抗干扰能力。此外,我们有必要了解图中与计算机相连的DB-9型 RS-232 的引脚结构,其各管脚定义如表 5.4.1 所示。

表 5.4.1　DB-9 型接口管脚定义

管　脚	名　称
1	载波检测 DCD
2	接收数据 RXD
3	发送数据 TXD
4	数据终端准备好 DTR
5	信号地 SG
6	数据准备好 DSR
7	请求发送 RTS
8	清除发送 CTS
9	振铃提示 RI

该系统的软件程序流程如图 5.4.3 所示。

微控制器与 PC 串行通信系统主要源程序如下:

```
#define uchar unsigned char
#include "string.h"
#include "reg51.h"
void mDelay(unsigned int DelayTime)         //延时函数
{ unsigned char j=0;
for(;DelayTime>0;DelayTime--)               //延时循环
{ for(j=0;j<125;j++)
{;}}}
void SendData(uchar Dat)                    //发送函数
{ uchar i=0;
```

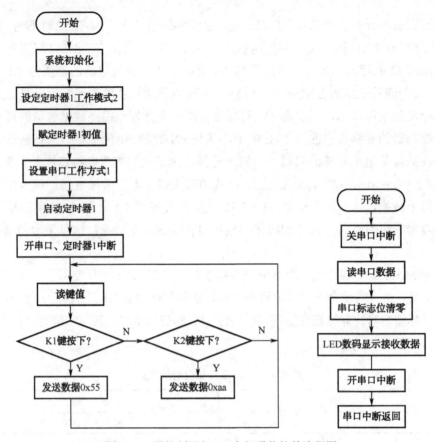

图 5.4.3　微控制器与 PC 串行通信软件流程图

```
SBUF=Dat;                          //发送 Dat
while(1){
if(TI)                             //如果发送中断标志为 1, 则等待,
{ TI=0; break; }                   //否则清除发送中断标志
}}
uchar Key()                        //按键处理函数
{ uchar KValue;                    //声明键值函数
P3|=0x3e;                          //中间 4 位置高电平  0011 1101
if((KValue=P3|0xe3)!=0xff)         //如果按键按下
{ mDelay(10);                      //延迟时间函数
if((KValue=P3|0xe3)!=0xff)         //如果按键还在按下状态
{ for(;;)                          //等待
if((P3|0xe3)==0xff)                //如果按键抬起,
return(KValue);                    //返回键值
}}
return(0);                         //如果按键没有按下, 返回 0
}
void main()                        //主函数
{ uchar KeyValue;                  //定义键值变量 KeyValue
unsigned char ns,ng,temp;          //定义变量 ns,ng,temp
```

```
P0=0xff;                          //熄灭 P0 口连接的所有发光管
TMOD=0x20;                        //确定定时器工作模式，模式 2，常数自动装入
TH1=0xFD;
TL0=0xFD;                         //定时器 1 的初值 波特率为 9600，晶体为 11.0592MHz
PCON&=0x80;                       //若是 SMOD=1 可以使波特率加倍
TR1=1;                            //启动定时器 1
SCON=0x40;                        //串口工作方式 1 运行在 8 位模式
REN=1;                            //允许接收
for(;;)                           //无限循环
{if(KeyValue=Key())               //调用按键函数，获取按键信息
{ if((KeyValue|0xfb)!=0xff)       //如果按键 k1 按下
SendData(0x55);                   //调用发送函数，送出 0x55
if((KeyValue|0xf7)!=0xff)         //如果 k2 按下
SendData(0xaa);                   //调用发送函数，送出 0xaa
}
if(RI)                            //如果接收中断发生
{ P0=SBUF;                        //将接收数据写到端口
RI=0; }                           //清除接收标志位
}}
```

任务 2：微控制器与微控制器间多机主从式串行通信设计

系统硬件电路分为主机模块和从机模块。主机模块中包含微控制器子模块、串口电平转换子模块和 LCD 液晶显示子模块；从机模块则包括微控制器子模块、A/D 转换子模块、LED 数码管显示子模块和串口电平转换子模块。

在主模块中由 AT89S52 单片机担任主机，LCD 液晶显示子模块作为显示设备，一片 MAX485 芯片完成串口的电平转换任务。在整个主从通信系统中有三个从机模块，三个模块的结构一样，有一片 AT89S52 单片机担任从机，外接一片 ADC0809 转换芯片实现信号采集与转换任务，使用一片 MAX485 芯片实现串口的电平转换。

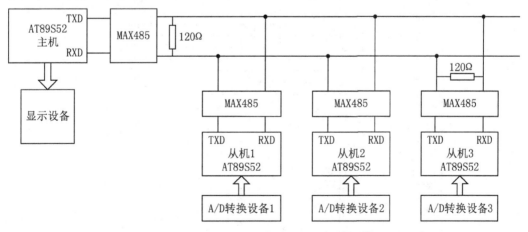

图 5.4.4　微控制器间多机主从式串行通信系统电路原理图

系统的工作原理如下：主机 AT89S52 编程可实现循环访问各从机，当从机接受主

机访问后启动 A/D 转换设备 ADC0809 对外部模拟信号进行转换。当从机获得转换结果后通过串口将其发送到主机，主机接受到转换结果后再将其发送到相应的显示部分进行显示。

1. 串口电平转换电路设计

串口电平转换电路如图 5.4.5 所示。本设计中采用 MAX485 电平转换芯片。MAX485 是一种 RS-485 标准接口的电平转换芯片。采用差分式半双工通信方式，真正实现多点总线连接，具有传输距离远、可靠性高的特点。MAX485 的 1 号引脚 RO 为接收端，接单片机 RXD 引脚，4 号引脚 DI 为发送端，接单片机 TXD 引脚，2、3 号引脚分别为发送、接收使能端，接单片 P1.3 引脚。6、7 号引脚总线接线口。

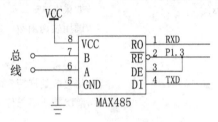

图 5.4.5 电平转换电路

2. 主机模块液晶显示电路设计

液晶显示器采用常见的 LCD1602，电路如图 5.4.6 所示。

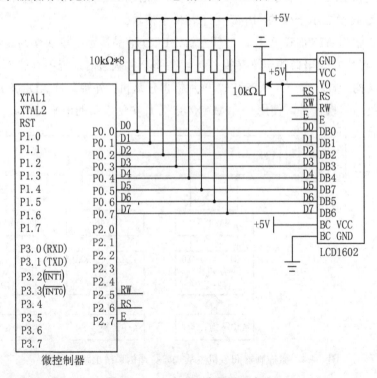

图 5.4.6 LCD1602 液晶显示电路

图 5.4.6 中排阻共有 9 个引脚，其中一个为公共端，另外 8 个脚分别接到需要接上拉电阻的单片机的 P0 口。排阻相当于 8 个大小均为 10kΩ 的电阻，在电路中主要起电平转化作用，通过的电流很小，每个电阻的功耗也很小。若接 5V 电源，每个电阻上的电流约为 0.5mA。

3. 从机模块 LED 数码管显示电路设计

LED 数码管显示电路如图 5.4.7 所示，显示子模块由 6 个数码管和相应的驱动芯片构成。其中每路通道的采集值用两位数码管显示。为了节约单片机的 I/O 口，本设计的数码管采用 MAX7219 芯片驱动管理。该芯片的优点在于可完成电路的自动刷新。MAX7219 芯片的 SEG A-SEG DP 为数码管段码接口，DIG0-DIG7 为位码接口，CLK、DIN、LOAD 分别与单片机的 P1.0、P1.1、P1.2 连接。单片机通过串行的方式将要显示的数据通过 CLK、DIN、LOAD 三个接口送入相应的显示寄存器内，MAX7219 将自动完成对数码管的刷新工作。

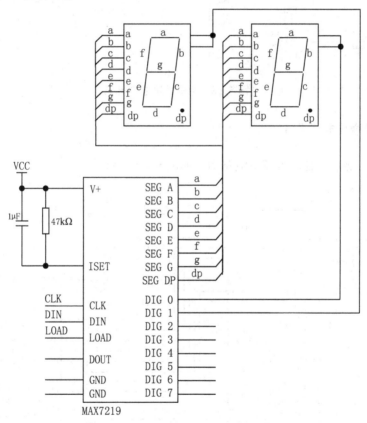

图 5.4.7　从机 LED 数码管显示电路

4. 主机模块电路

根据设计要求绘制主机模块电路图，如图 5.4.8 所示。

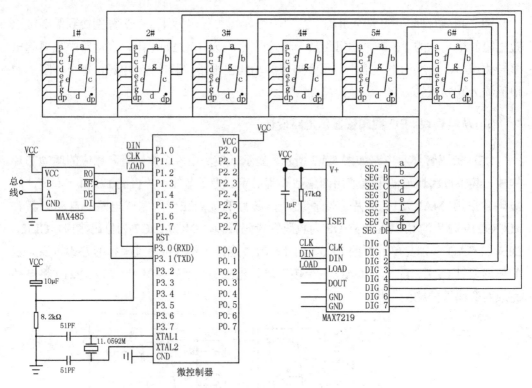

图 5.4.8　主机模块电路图

5. 从机模块电路设计

根据设计要求绘制从机模块电路图，如图 5.4.9 所示。

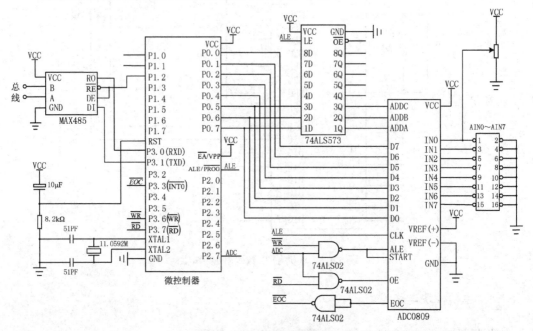

图 5.4.9　从机模块电路图

6. 通信协议的设计

通信协议的设计是本设计的重点，通信协议的作用主要是识别主机和从机。由于串口的方式 2、方式 3 发送和接收都是 11 位，其第九位可编程置位，可用此位来区分地址帧和数据帧，从而实现主机与从机，从机与从机的区别。通信协议同样要规定相同的通信速率。编写的通信协议如下。

（1）数据传输的双方均使用 9600kbps 的速率传送数据，使用主从式通信，从机发送数据，主机接受数据，双方在传输数据时使用查询方式。

（2）双机开始数据传输时，主机发送地址帧，呼叫从机。

（3）各从机起始都处于只接收地址帧状态。接收到地址帧后，将接收到的地址内容和本机地址比较，如果地址相同，则向主机应答返回本机地址作为确认信息，并开始采集数据，然后通过串行口向主机发送数据；如果不同，则继续等待。

（4）主机发送地址帧后等待，如果接收到的应答信息中的内容和所发地址帧的内容相同，则开始接收数据；若不一致，则主机继续发送地址帧。若多次发送地址帧仍无回应，则认为出错，对应显示数码管闪烁报警，主机跳出本次通信。

（5）主机在接收完数据后，将根据最后的校验结果判断数据接收是否正确，若校验正确，本次通信成功；若校验错误，则表示接收数据错误，并请求重发。

（6）若从机接收到校验正确的反馈信号，则通信结束，否则从机重新发送该组数据。

7. 系统程序设计

1）主机程序设计
依据系统设计要求及相应的通信协议设计如图 5.4.10 所示的主机程序流程图。
2）从机程序设计
从机程序流程图如图 5.4.11 所示。
微控制器与微控制器间多机主从式串行通信主要参考程序如下。
主机程序：

```
#include<stdio.h>
#include<reg51.h>
unsigned char LED_seg[10]={0x3f,0x06,0x5b,0x4f,0x66,0x6d,0x7d,0x07,0x7f,0x6f};
unsigned char LED_bit[6]={0x01,0x02,0x04,0x08,0x10,0x20};
unsigned char LED_buf[6]={0x00,0x00,0x00,0x00,0x00,0x00};
void delay(unsigned long n)                //延时子程序
{
 unsigned int i;
 for(i=1;i<n;i++)
 {;}
}
void convert(unsigned char a ,unsigned char j)       //电压转换子程序
{
```

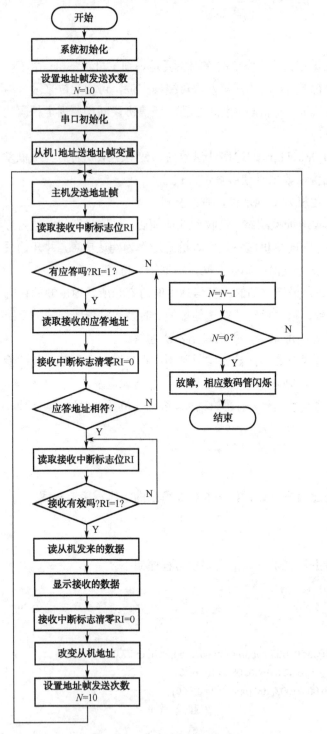

图 5.4.10　主机模块程序流程图

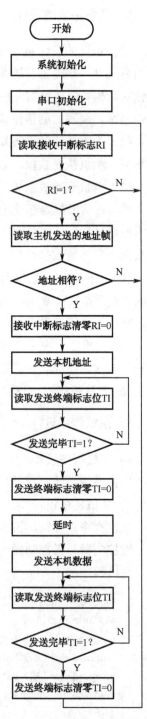

图 5.4.11　从机模块程序流程图

```
unsigned char m,n,i;
unsigned char b=0;
for(i=0;i<51;i++)
{
    b=i*5;
```

```c
        if(b<a)
        {
            i++;
        }
        else
        {
            break;
        }
    }
    m=i/10;
    n=i%10;
    j=j*2;
    LED_buf[j]=LED_seg[n];
    LED_buf[j+1]=LED_seg[m]+0x80;
    }
void sbuf_init(void)                        //串口初始化子程序
{
  SCON=0xd0;                                //工作方式3
  PCON=0x00;
  TMOD=(TMOD&0xf)|0x20;
  TH1=0xfd;
  TL1=0xfd;
  TR1=1;
}
void flash_led(void)                        //led 显示子程序
{
  unsigned char i;

        for(i=0;i<6;i++)
        {
          P2=LED_buf[i];
          P0=LED_bit[i];
          delay(200);
        }
        P0=0x00;
    }
void main(void)                             //主函数
{   unsigned char ADDR=0x00;
    unsigned char tmp;
    unsigned char a=0;
    unsigned char i=0;
    unsigned char j=0;
    sbuf_init();
    while(1)
        {
```

```c
        tmp = ADDR+1;
        while(tmp!=ADDR)
        {
            /* 发送从机地址  */
            TI = 0;
            TB8 = 1;                        //发送地址帧
            P1 = 0xff;                      //发送使能
            delay(20);
            SBUF = ADDR;
            while(!TI);
            TI = 0;
            delay(20);
            /* 接收从机应答 */
            P1 = 0x00;                      //接受使能
            delay(50);
            while(!RI);
            tmp = SBUF;
            RI = 0;
            delay(20);
        }
        P1 = 0x00;                          //接受使能
        delay(10);
        while(!RI);
        a = SBUF;
        RI = 0;
        delay(10);
        j=ADDR;
        i++;
        ADDR++;
        if (i>=3)
        {
            i=0;
            ADDR=0x00;
        }
        convert(a,j);
        flash_led();
        }
    }
```

从机程序:

```c
    #include<reg51.h>
    #include<absacc.h>
    #include<stdio.h>
    #define INO XBYTE[0x0000]
    #define ADDR 0x02                       //从机地址 0x00、ox01、0x02
```

```
sbit AD_BUSY=P3^3;
void delay(unsigned long n)                      //延时子程序
{ unsigned int i;
 for(i=1;i<n;i++)
 {;}
}
void sbuf_init(void)                             //串口初始化子程序
{    SCON=0xd0;                                  //工作方式3
     PCON=0x00;
     TMOD=(TMOD&0xf)|0x20;
     TH1=0xfd;
     TL1=0xfd;
     TR1=1;
}
void main(void)                                  //主程序
{ unsigned char a;
  unsigned char tmp=0xff;
  sbuf_init();
  while(1)
  {    SM2=1;                                    //只接收地址帧
     /* 如果接收到的地址帧不是本机地址，则继续等待 */
       tmp=ADDR+1;
       P1=0x00;                                  //接受使能
       while(tmp!=ADDR)
       {    while(!RI);
            tmp=SBUF;
            RI=0;
       }
       delay(20);
       /* 发送本机地址作为应答信号，准备接收数据 */
       P1=0xff;                                  //发送使能
       delay(40);
       TI=0;
       TB8=0;                                    //主机不检测该位
       SBUF = ADDR;
       delay(10);
       while(!TI);
       TI = 0;
       SM2 = 0;                                  //允许接收数据
       /* 数据发送 */
       delay(40);
       INO=0;
       i=i;
       while(AD_BUSY==0);
       a=INO;
```

```
        //a=0x88;
        SBUF=a;
        while(TI==0);
        TI=0;
        delay(60);
    }
}
```

5.4.5　安装调试

可以分为五个部分进行调试：从机模块调试，LED 显示模块调试，电平转换模块功能调试，主机模块功能调试，整体设计功能调试。

1．从机模块调试

为了检测从机部分的功能是否能够实现，可以借助串口测试软件，发送预设的从机地址看该从机是否会进行地址对照，然后把 A/D 转换的结果发送过来。此从机调试模块分为两个层次：（1）用一个简单的程序测试从机硬件部分是否能正常运行；（2）在硬件良好的情况下测试编写的从机部分代码能否顺利实现其功能。

2．LED 显示模块调试

该部分可以归为主机模块调试的一部分。LED 功能就是用来显示 D/A 转换结果的。连接好电路之后，用一个小程序测试在 LED 显示功能良好的情况下能否正确显示从机发送来的数据。此部分在主机模块功能调试部分具体介绍。

3．电平转换模块功能调试

电平转换模块与单片机连接时接线比较简单，只需要一个信号控制 MAX485 的接收和发送即可。同时将 A 和 B 端之间加匹配电阻，一般可选 120Ω 的电阻。当匹配电阻选择太大时，比如选阻值为 $10k\Omega$ 的电阻，容易造成芯片烧坏，此处应引起注意。

4．主机模块功能调试

这部分的调试应基于从机调试无误的前提下，利用从机送来的给定测试数据，调用 LED 显示模块子程序显示出来，判断主从之间的通信以及主机模块显示功能等是否正常。

5．整体设计功能调试

各程序模块功能调试好之后，将其各就各位。在此需要注意一个问题：一定要将主机与从机的时序调整一致，这样才能正确地在主机端收到从机发送来的数据。如果时序出现不同步的情况，则从机送给主机的数据在经 MAX485 传递时读出来的结果与预期数据是不一致的。出现这种情况后，可以利用示波器查看输出波形，比较时序关系来进行调整。

5.4.6　设计拓展

（1）如果用定时器 T1 作为串行口波特率发生器，为什么要采用串口工作方式 2?

（2）RS-232 标准与 RS-485 标准有何异同?在应用中应如何进行选择?

（3）请描述在单片机多机通信中，应该如何设置地址帧，并通过地址识别多个从设备?

（4）在单片机双机通信中，分别使用查询方式和中断方式实现数据的发送和接收，并分析这两种方法的主要区别和优劣。

（5）利用双机串行通信方法，设计甲、乙两个微控制器按工作方式 1 进行串行通信。甲、乙双方有 fosc=11.059MHz，波特率为 2400。将甲片内 RAM 40H 到 50H 的内容向乙发送，先发送数据块长度，再发送数据，数据全部发送完后，向乙发送一个累加校验和。乙接收数据并进行累加和校验，若接收结果与甲发送的一致，则发送数据 AAH，表示接收正确，若不一致，发送数据 BBH，甲接收到 BBH 后，重发数据。

参 考 文 献

[1] 杨刚，周群. 电子系统设计与实践. 北京：电子工业出版社，2004.

[2] 刘克刚. 复杂电子系统设计与实践. 北京：电子工业出版社，2010.

[3] 童诗白，华成英. 模拟电子技术基础（第四版）. 北京：高等教育出版社，2006.

[4] 阎石. 数字电子技术. 北京：高等教育出版社，1998.

[5] 康华光. 电子技术基础（数字部分）. 北京：高等教育出版社，2000.

[6] 李元. 数字电路与逻辑设计. 南京：南京大学出版社，1997.

[7] 王金矿. 电路与电子基础. 广州：中山大学出版社，2000.

[8] 周润景，袁伟亭，景晓松. Proteus 在 MCS-51&ARM7 系统中的应用百例. 北京：电子工业出版社，2006.

[9] 蒋卓勤，邓玉源. Multisim 2001 及其在电子设计中的应用. 西安：西安电子科技大学出版社，2003.

[10] 陈海宴. 51 单片机原理及应用. 北京：北京航空航天大学出版社，2010.

[11] 柴钰. 单片机原理及应用. 西安：西安电子科技大学出版社，2009.

[12] 王东峰. 单片机 C 语言应用 100 例. 北京：电子工业出版社，2009.

[13] 李平. 单片机入门与开发. 北京：机械工业出版社，2008.